Wolfgang Fürweger

# Die PS-Dynastie

## Ferdinand Porsche und seine Nachkommen

Ueberreuter

*Für Julia*

ISBN 978-3-8000-7271-2

Covergestaltung: Kurt Hamtil, Wien
Coverfoto: Bildarchiv der Österreichischen Nationalbibliothek

Druck: CPI-Moravia Books
1 3 5 7 6 4 2

Ueberreuter im Internet: www.ueberreuter.at

# Inhalt

# Einleitung: Die stille Macht

Ein Mann in reiferen Jahren, kräftiges Kinn, dichter Schnurrbart und ausdrucksstarke Augen, denen man anmerkt, dass sie bereits viel gesehen haben. Von oben blickt er durch die Speichen eines Lenkrads. Die kahle Stirn ist von Falten durchzogen. Der Blick wirkt konzentriert, fast ein wenig sorgenvoll oder sogar traurig. Das hier beschriebene Schwarzweiß-Foto ist die wohl bekannteste Abbildung Ferdinand Porsches. Ihn hat eine Fachjury 1999 zum »Autoingenieur des Jahrhunderts« gewählt. Er hat den Käfer erfunden, war erfolgreicher Rennfahrer, Konstrukteur von Rennboliden und Urahn einer PS-Dynastie.

Man sollte meinen, über den »Genius des neuzeitlichen Automobils« (»manager magazin«) sei bereits alles gesagt und geschrieben worden, was gesagt und geschrieben werden musste, und wahrscheinlich noch einiges mehr. Gleiches sollte für Sohn Ferry Porsche gelten, der die Autofabrik in Stuttgart-Zuffenhausen aufbaute und damit den Namen Porsche untrennbar mit jenen edlen, schnittigen Sportwagen verband, die für Autofans längst Kultobjekte geworden sind.

Porsche, das ist aber nicht nur die Sportwagenfabrik in der schwäbischen Metropole, sondern das ist auch die Porsche Holding GmbH, das größte privat geführte Unternehmen Österreichs, das größte Autohandelshaus Europas, mit Niederlassungen in 15 Ländern West-, Mittel- und Osteuropas und angeschlossener Bank und Versicherung. In Summe kontrolliert die Holding an die 350 Tochtergesellschaften! Hinter beiden Unternehmen – sowohl hinter der Autofabrik als auch hinter der Porsche Holding – stehen Ferdinand Porsches Nachkommen: die Familien Porsche und Piëch. Ein schillerndes und vor allem lukratives PS-Imperium: der weltweit profitabelste Autohersteller, der größte Autohändler Europas – zusammen 18 Milliarden Euro Umsatz. Dazu kommt noch eine der weltweit wertvollsten Marken, nämlich »Porsche«, deren Wert noch einmal in die Milliarden geht. Zudem kontrollieren die beiden Familien über die Porsche AG das größte Aktienpaket am deutschen Parade-Autobauer Volkswagen. Und so ganz nebenbei sind einzelne Mitglieder des Clans als Unternehmer aktiv und ziehen etwa die Fäden in der profilierten Schweizer Uhrenmanufaktur Eterna und vor allem in Salzburg in diversen kleineren Betrieben.

Gründe genug also, warum der Verfasser ein neues Porsche-Buch für notwendig gehalten hat. Es gibt, wie bereits angedeutet, Bücher über Ferdinand Porsche, über Ferry Porsche und über die Autos, die im Hause Porsche konstruiert wurden und werden. Es existiert aber noch kein »Opus magnum«, das einen Überblick über die beiden Familienstämme der PS-Dynastie bietet, über ihre Geschichte, ihre Erfolge, ihre Niederlagen, ihr Verhältnis unter- und zueinander und die Unternehmen, die sie kontrollieren. Das einzige neuere Werk, das sich als Familiengeschichte versteht, stammt aus dem Jahr 1999. Autor Fabian Müller lässt aber den österreichischen Teil des Porsche-Piëch-Imperiums zur Gänze außen vor. Dabei ist die Porsche Holding mittlerweile um einiges größer als die Porsche-Autofabrik. Dennoch gibt es über sie kaum Publikationen. Das ist auch nicht weiter verwunderlich. Schließlich ist die Holding im Gegensatz zur AG äußerst zurückhaltend, was die Herausgabe von Informationen anbelangt. Man verweist darauf, dass man ein Privatunternehmen sei, und daher sei das Geschäft auch Privatsache, die niemanden etwas angehe.

Vor mehr als 100 Jahren hat Ferdinand Porsche, der Begründer des Auto-Clans, auf der Weltausstellung in Paris sein erstes Auto präsentiert. Seitdem ist die Größe der Familie auf mehr als 60 Mitglieder angewachsen, von denen die meisten ihre Anteile am Familiensilber über eigene Beteiligungsgesellschaften halten. Mehrere verstorbene, aber auch noch lebende Mitglieder der Familien waren und sind bekannt, prominent, wenn nicht sogar berühmt: Ferdinand und Ferry Porsche brauchen nicht extra erwähnt zu werden. Louise Piëch, Tochter Ferdinand Porsches und

langjährige Geschäftsführerin des Porsche-Handelshauses und die Grande Dame beider Familien des Auto-Clans, ist vor allem in Österreich und hier im Besonderen in Salzburg ein Begriff, auch wenn über sie noch erstaunlich wenig geschrieben wurde. Dabei war sie die stärkere der beiden Geschwister. Sie hielt die Familie in schwierigen Zeiten zusammen und hatte wesentlichen Anteil am Aufbau des PS-Imperiums nach dem Zweiten Weltkrieg. In diesem Sinne ist »Porsche« auch eine weibliche Erfolgsgeschichte. Neben der Gründer- und der Aufbau-Generation ist es vor allem der langjährige Audi- und Volkswagen-Boss und nunmehrige Aufsichtsratsvorsitzende des VW-Konzerns, Ferdinand Piëch, der Schlagzeilen gemacht hat. Weitum bekannt ist auch der Designer Ferdinand Alexander »F. A.« Porsche, obwohl sich hier schon viele schwertun, die verschiedenen »Ferdinands« mit dem klingenden Nachnamen auseinanderzuhalten.
Porsche! Der Name ist für Autofans Legende, steht aber – genauso wie der Familienname Piëch – für exzellente Manager und eine Wirtschafts-Dynastie, die mittlerweile in der vierten Generation besteht und erfolgreich ist wie nie zuvor. Bis auf wenige Ausnahmen hält sich der Clan aber erstaunlich zurück, was öffentliche Auftritte außerhalb des unbedingt geschäftlich Notwendigen betrifft. Die Familien geben generell keine öffentlichen Stellungnahmen ab, nicht einmal zu so wichtigen Vorgängen wie dem Kauf des größten Pakets an Volkswagenaktien durch die Porsche AG. Es werden weder Meldungen herausgegeben noch bestehende Berichte kommentiert. Das führt dazu, dass teilweise haarsträubender Unsinn kursiert, dem nie widersprochen wurde. Vor dem Hintergrund dieser Informations- und Medienpolitik ist es nur logisch, dass die PS-Dynastie über keinen formalen Einfluss im Sinne der Bekleidung politischer oder sonstiger öffentlicher Ämter verfügt.
»Die stille Macht« hat daher das deutsche »manager magazin« eine Anfang 2005 erschienene neunteilige Serie über die Porsches und Piëchs zu Recht übertitelt. Auch dem Verfasser hat

man anfangs klargemacht, dass man seinem Buch skeptisch gegenübersteht. Dennoch hat er es sich zum Ziel gesetzt, Einblicke in die Welt der Porsches und Piëchs zu geben, die weit über das hinausgehen, was bisher an einzelnen Beiträgen, Artikel-Serien und Büchern publiziert wurde. Dieses Buch kann sich dabei unter anderem auf Interviews mit den führenden Mitgliedern des Auto-Clans stützen: Die Sprecher der beiden Familienstämme, Wolfgang Porsche und Hans Michel Piëch, sowie Ferdinand Piëch standen für längere Gespräche zur Verfügung.

Weil auch in einem Buch der Platz für Hintergründe enden wollend ist und weil der Verfasser kein fünfbändiges Epos schreiben wollte, kann vieles nicht in der Form und Ausführlichkeit behandelt werden, die es eigentlich verdient hätte. Das gilt im Besonderen für historische und technische Details rund um die Entwicklung der einzelnen Porsche-Typen. Außerdem ist der gesamte Rennsport-Bereich beginnend mit den Zeiten Ferdinand Porsches bis in die Gegenwart großteils ausgeklammert. Dazu gibt es jede Menge hervorragender Fachbücher. Der Verfasser erhebt ja auch nicht den Anspruch, ein technisches Buch oder ein Werk über (Renn-)Autos geschrieben zu haben. Hier galt es, den Spagat zu schaffen zwischen der nötigen Kürze, um technisch weniger versierte Leser nicht abzuschrecken, und der gebotenen Länge, die notwendig ist, um komplexe wirtschaftliche und auch technische Sachverhalte wenigstens einigermaßen verständlich schildern zu können. Der Autor hofft, diesen Spagat geschafft zu haben, erhebt keinesfalls den Anspruch auf Vollständigkeit und bittet Auto- und Technik-Fans um Nachsicht für seine bisweilen verkürzten und einfachen Darstellungen: Sie dienen ausschließlich der Straffung des Inhalts, der besseren Lesbarkeit des Buches und verfolgen keinesfalls die Absicht, den einen oder anderen Sachverhalt in einem bestimmten Licht erscheinen zu lassen.



Erwähnt werden muss an dieser Stelle auch, dass die Initiative für dieses Buch ausschließlich vom Verfasser ausging. Er ist zwar an die Porsche Holding mit der Bitte um Unterstützung bei den Recherchen herangetreten. Es hat aber zu keiner Zeit einen Auftrag von Mitgliedern der beiden Familien oder ihnen nahestehenden Personen oder Gesellschaften gegeben und schon gar keine finanzielle Zuwendung an den Autor. Dieses Buch ist ausschließlich aus Interesse am Stoff entstanden, bei dem es sich um eine komplexe Mischung aus Wirtschafts-, Technik- und Zeitgeschichte in Verbindung mit aktuellem wirtschaftlichem, politischem und gesellschaftlichem Geschehen handelt, das direkte Auswirkungen auf immerhin mehr als ein Dutzend Staaten in Mittel-, West- und Osteuropa hat.

Dieser Zugang zum Thema zeigt bereits, dass es dem Autor weder darum gegangen ist, eine Hymne, eine Lobhudelei auf den Porsche-Piëch-Clan und die Porsche-Sportwagen zu schaffen, noch wollte er ein »Schwarzbuch Porsche« schreiben. Wenngleich sich Bücher, die mit ausdrücklicher Missbilligung der handelnden Personen geschrieben werden, meist ganz gut verkaufen. Spaß beiseite, es geht darum, die komplexe Unternehmens- und Familiengeschichte der PS-Dynastie darzustellen, so wie sie ist beziehungsweise wie sie dem neutralen Beobachter erscheint. Das bedeutet auch, dass kritische Anmerkungen nicht fehlen dürfen, etwa zur Rolle von Ferdinand Porsche und Anton Piëch in der NS-Zeit. So ganz »nebenbei« ist auch ein Werk entstanden, das Einblicke in die jüngere Wirtschaftsgeschichte Österreichs und Deutschlands gewährt.

Das Buch gliedert sich in drei Teile, die die Entwicklung der beiden Familien widerspiegeln: Im ersten Abschnitt »Ein Mythos entsteht« geht es natürlich in erster Linie um Ferdinand Porsche, aber auch bereits um seinen Sohn Ferdinand Anton Ernst, genannt »Ferry«, und um seine Tochter Louise Piëch und deren Ehemann Anton Piëch. Der zweite Teil »Porsche und Porsche: ein Name – zwei Unternehmen« setzt nach dem Zusammenbruch des Dritten Reiches an und ist dem Aufbau der Porsche-Autofabrik in Stuttgart-Zuffenhausen einerseits und der Gründung und des Ausbaus des Porsche-Handelshauses in Österreich, der späteren Porsche Holding, in den Fünfziger- und Sechzigerjahren gewidmet. Dieser Teil gibt die große Schaffenszeit der Geschwister Ferry Porsche und Louise Piëch wieder. Er endet mit dem Ausstieg sämtlicher Familienmitglieder aus dem operativen Geschäft im Jahr 1972.

Abschnitt drei »Die Generation der Nachkommen« zeigt, wie die dritte und vierte Generation das große Erbe übernommen und ausgebaut haben. Und er schildert die komplizierten, teils emotional aufgeladenen und auch konfliktreichen Beziehungen zwischen den beiden Familien. Als Leitfiguren sind der Designer Ferdinand Alexander Porsche und der Topmanager Ferdinand Piëch, aber auch die Sprecher der beiden Familien, Wolfgang Porsche und Hans Michel Piëch, zu sehen. Der Anhang enthält eine Kurzbiographie der wichtigsten Mitglieder des Auto-Clans.

Zum Schluss noch eine letzte Vorbemerkung: In den vergangenen Wochen und Monaten ist viel über die Porsche AG und damit auch über die hinter ihr stehenden Familien geschrieben und gesagt worden, vor allem im Zusammenhang mit dem Einstieg bei Volkswagen. Viele Fragen, die in diesem Zusammenhang aufgeworfen wurden, wird dieses Buch beantworten können. Weil es nicht nur bei Zeitungen einen Redaktionsschluss gibt, sondern auch in Verlagen, können die Entwicklungen nur bis zum 18. Dezember 2006, dem Datum der Drucklegung, behandelt werden.

Teil I:

# Ein Mythos entsteht

# 1. Der Beginn einer PS-Legende

Wir schreiben das Jahr 1875. Maffersdorf ist eine kleine Gemeinde in Böhmen, die überwiegend von deutschsprachigen Untertanen der Donaumonarchie bewohnten wird. Außer einer Teppichmanufaktur und viel ländlicher Idylle hat das Kaff wenig zu bieten. Dennoch beginnt hier am 3. September 1875 die Porsche-Saga. An diesem Tag wird im heutigen Vratislavice nad Nisou (Tschechien) Ferdinand Porsche als drittes von fünf Kindern des Spenglermeisters Anton Porsche und dessen Gattin Anna geboren.

Vater Porsche nannte einen Handwerksbetrieb mit mehreren Lehrlingen und Gesellen sein Eigen. In einer Zeit, als das Handwerk noch den sprichwörtlichen goldenen Boden hatte, war das schon etwas. Klein Ferdinand hatte es also bereits von Geburt an nicht allzu schlecht erwischt. Sein Vater konnte ihm zwar kein großes Vermögen, aber immerhin eine ordentliche Ausbildung im eigenen Unternehmen bieten. Wäre Ferdinand am Ende der Epoche des hässlichsten Manchester-Liberalismus in einer der zahlreichen Arbeitersiedlungen der Donaumonarchie oder als eines von vielen Kindern auf einem Bauernhof zur Welt gekommen, wer weiß, ob er seine Talente jemals hätte entfalten und nutzen können.

## *Ein Geheimlabor auf dem Dachboden*

Als Gottlieb Daimler zum ersten Mal zu einer Ausfahrt mit seinem vierrädrigen Automobil aufbrach, war Ferdinand Porsche elf Jahre alt. Bereits in diesem Alter zeigte er eine außergewöhnliche technische Begabung. Vor allem die Elektrizität hatte es dem Knirps angetan. Er bastelte ständig herum, und als 13-Jähriger installierte er im elterlichen Haus elektrische Klingeln. Vater Porsche hielt von den Experimenten des Filius aber nicht viel

– im Gegenteil: Er verbot seinem Sohn, sich weiterhin mit »diesem Firlefanz« zu beschäftigen. Weil der ältere Bruder Anton bei einem Arbeitsunfall ums Leben gekommen war, sollte Ferdinand einmal den väterlichen Betrieb übernehmen und nicht Wissenschaftler spielen.

Klein Ferdinand dachte aber nicht im Traum daran, sich seine Leidenschaft für Technik von seinem verständnislosen Vater verbieten zu lassen. Deshalb richtete er sich unter dem Dach des elterlichen Hauses heimlich eine eigene kleine Elektrowerkstatt ein. In diese zog er sich zurück, wann immer es ging, um ungestört zu experimentieren. Der Vater arbeitete oft auswärts und kam meist spät nach Hause. Das Geheimnis blieb also lange gewahrt, zumal die Mutter die Leidenschaft ihres Sohnes duldete. Einmal sollte der Vater dann doch das kleine Reich seines Sohnes entdecken und das Laboratorium in einem Wutanfall zerstören. Der Zorn soll noch größer geworden sein, als herumspritzende Batteriesäure Löcher in die Hose des tobenden Seniors ätzte.

Nach der Volksschule, die damals noch acht Jahre dauerte, musste der spätere »Autoingenieur des Jahrhunderts« im Alter von 15 Jahren eine Lehre im elterlichen Betrieb beginnen. Dank der Fürsprache der Mutter durfte der junge Mann wenigstens Abendkurse an der Reichenberger Staatsgewerbeschule besuchen, also an einer der Vorläufer-Einrichtungen der heutigen Höheren Technischen Lehranstalten (HTL). Die Stimmung des Vaters schlug erst um, als Ferdinand im April 1893 im Alter von 17 Jahren in der väterlichen Spenglerei einen Dynamo mit Schwungradantrieb installierte, der den Betrieb mit elektrischem Licht versorgte. Und das zu einer Zeit, in der selbst in den Großstädten noch Ölfunzeln brannten und die Straßen, wenn überhaupt, dann nur mit Gaslaternen beleuchtet waren. Elektrisches Licht gab es bis zu diesem Zeitpunkt in der Gegend nur in der benachbarten »Teppich- und Deckenfabrik Ignaz«. Das Unternehmen genoss damals bereits international einen ausgezeichneten Ruf, der sich in den folgenden Jahren noch verbessern sollte.

1924 stattete die Manufaktur das Waldorf-Astoria in New York mit dem damals größten Teppich der Welt aus. Aber das ist eine andere Geschichte.

Trotz seines gelungenen Coups mit dem elektrischen Licht durfte Ferdinand nicht studieren, obwohl er sich nichts sehnlicher wünschte. Der Vater gestattete dem Jungen aber, eine andere Laufbahn einzuschlagen als die eines Spenglers. Abgesehen von einigen theoretischen Vorlesungen an der Technischen Hochschule Wien, an denen er als außerordentlicher Hörer teilnahm, besuchte der spätere zweifache Ehrendoktor und Professor der Technik nie eine höhere Schule. Er war ein Praktiker, ein Autodidakt, ein »Meister der Improvisation«, wie Peter Müller in seiner erstmals 1965 erschienenen Biographie schreibt: »Wenn erfahrene Monteure nicht mehr weiterwussten, dann legte er sich unter den Wagen und hantierte mit dem Schraubenschlüssel … Für Ferdinand Porsche war gewissermaßen Benzin Muttermilch.«

## *Der Weg nach Wien*

Seine erste Stellung außer Haus führte den böhmischen Handwerkersohn im Jahr 1893, also im Alter von 18 Jahren, nach Wien, zu der Vereinigten Elektrizität AG von Béla Egger & Co – ein Unternehmen, das später in Brown Boveri aufgegangen ist. Den Posten in der pulsierenden Metropole der Donaumonarchie hatte ihm der benachbarte Teppichfabrikant Willy Ginzkey vermittelt. Dieser hatte nach dem Tod seines Vaters Ignaz die Weberei übernommen und war von der technischen Begabung des jungen Spenglerlehrlings offenbar schwer beeindruckt. Porsches neuer Arbeitgeber war nicht irgendwer: Der Ungar Béla Egger vertrat in Wien zunächst Thomas Alva Edison, den Erfinder der Glühbirne, und machte sich dann selbstständig. Zu seinen Auftraggebern gehörte auch das Kaiserhaus. So erhielt Egger den Auftrag, in der kaiserlichen Residenz, dem Schloss Schönbrunn, elektrisches Licht zu installieren.

In diesem innovativen Unternehmen erhielten auch junge Mitarbeiter rasch eine Chance, die Karriereleiter emporzuklettern. Porsche stieg aufgrund seiner großen technischen Begabung schnell auf. Bereits vier Jahre nach seinem Eintritt wurde er 1897 im Alter von 22 Jahren Leiter des Prüfraums für Elektromotoren, kurz danach Assistent des Betriebsleiters. Porsches Meisterstück während seiner Zeit bei Béla Egger & Co war die Konstruktion eines Radnaben-Elektromotors. Dabei griff er ein Prinzip auf, das in England bereits patentiert worden war. Porsche brachte die Konstruktion aber als Erster zum Laufen und meldete 1897 seinerseits ein Patent auf den ersten funktionierenden Radnaben-Elektromotor an. Diese Erfindung sollte dem jungen Spenglersohn aus Böhmen den Weg zu weiterer Karriere ebnen.
Und noch etwas passierte bei Béla Egger, das Porsches weiteres Leben prägen sollte: Im Büro der Arbeitsverteilung arbeitete eine junge Dame namens Aloisia Kaes. Auf diese hatte Porsche ein Auge geworfen. Bei einem Betriebsabend im Varieté Ronacher kamen der Spenglersohn und die Schneidermeistertochter einander näher. Als die Heirat vor der Tür stand, erhob Vater Porsche Einspruch. Er hätte seinen talentierten Sohn lieber mit einer Ginzkey-Tochter verheiratet, was eine sehr gute Partie gewesen wäre. Ferdinand setzte aber auch hier seinen Kopf durch: 1903 wurde Hochzeit gefeiert, ein Jahr später erblickte Tochter Louise Hedwig Anna Wilhelmine Maria das Licht einer Welt, die sich zumindest für ihre Familie nur um das Automobil drehte. Auf den ersehnten Stammhalter musste das Paar dann bis zum September 1909 warten. Der Junge wurde Ferdinand Anton Ernst genannt, aber nur »Ferdy« gerufen. Der Kosename gefiel weder der Erzieherin von Porsche junior noch dessen späterer Frau. So wurde aus »Ferdy« schlussendlich »Ferry«. Der zweite Kosename sollte dem Sohn des genialen Konstrukteurs ein Leben lang bleiben.

## *Der Lohner-Porsche*

Zurück aber zu Ferdinand Porsches Karriere: Noch im Jahr 1897 trat der talentierte Techniker in den Dienst der »k. u. k. Hofwagenfabrik Ludwig Lohner & Co«. Das Wiener Unternehmen war als Hoflieferant damals weithin bekannt. Heute würde sich wohl kaum jemand an den Namen erinnern, hätte dort nicht Ferdinand Porsche Meilensteine in der Automobilgeschichte gesetzt. Dabei war der Kutschenbauer Lohner ein weitsichtiger Mann: Schon bald nach der Erfindung des Kraftwagens erkannte er, dass den edlen Karossen, in denen sich seit Jahrhunderten Adelige und reiche Bürger fahren ließen, keine große Zukunft mehr beschieden sein würde. Diese gehörte dem Automobil. Im Juni 1896 war Lohner daher nach Bad Cannstatt bei Stuttgart gereist, um Gottlieb Daimler und dessen berühmte Automobile mit dem Viertakt-Ottomotor kennenzulernen. Lohner zeigte sich tief beeindruckt und beschloss, das moderne Fahrzeug in sein Produktionsprogramm aufzunehmen. Daimler war jedoch nicht bereit, mit dem österreichischen Kutschenbauer einen Lizenzvertrag abzuschließen.

Also probierte es Lohner zunächst erfolglos mit einer eigenen Konstruktion. Danach versuchte er eine Zusammenarbeit mit Rudolf Diesel zu erreichen, der 1897 einen neuartigen Verbrennungsmotor erfunden hatte. Als auch das nicht klappte, setzte Lohner auf den Elektroantrieb und gründete eine »elektromobile Abteilung«. Anhand dieser Geschichte sieht man, dass an der Wende vom 19. zum 20. Jahrhundert noch nicht klar war, welche Antriebsart sich letztlich durchsetzen würde. Bei Lohner wurde also ein erstes Elektroauto gebaut. Dieses erwies sich aber als zu anfällig für Störungen. Weil der Unternehmer die bereits getätigten Investitionen nicht abschreiben wollte und zudem fürchten musste, von der neuen Technik und der Konkurrenz im wahrsten Sinne des Wortes überrollt zu werden, sah er sich in der Branche um – und fand bei Béla Egger & Co den jungen

Assistenten des Betriebsleiters. Ferdinand Porsche sei sofort Feuer und Flamme gewesen, schreibt sein Biograph Peter Müller: Er »entwickelte dem Hofkutschenerzeuger temperamentvoll seine Pläne. Ludwig Lohner ließ sich überzeugen und engagierte den damals dreiundzwanzigjährigen Techniker«.

Mit dieser Anstellung waren hohe Erwartungen verbunden, denen der geniale Konstrukteur auch voll und ganz gerecht wurde. In wahrer Rekordzeit entstand 1899 das erste Fahrzeug mit zwei Elektromotoren, die in den beiden vorderen Radnaben eingebaut waren. Durch den Einbau vorne wurde die motorisierte Kutsche – denn um nichts anderes handelte es sich – nicht geschoben, sondern gezogen. Damit war ein Schleudern in den Kurven ausgeschlossen. Die beiden Motoren wurden von einer großen Batterie in der Mitte des Wagens gespeist. Obwohl sie gerade einmal fünf PS leisteten, kam das Vehikel auf eine Dauerleistung von 37 Stundenkilometern und auf eine Spitzengeschwindigkeit von 45 Stundenkilometern, was damals absoluter Rekord war. Über die Reichweite hat der Verfasser trotz intensiver Recherche nichts herausfinden können, sie dürfte aber nicht allzu groß gewesen sein.

Das neue Elektroautomobil wurde im Jahr 1900 auf der Pariser Weltausstellung als Lohner-Porsche präsentiert. Und es war *die* Sensation! Es zog die Aufmerksamkeit der Weltöffentlichkeit auf sich und wurde als epochale Neuheit gefeiert! Beim Lohner-Porsche konnte man den Radnabenmotor auch in alle vier Räder einbauen, womit gleich der erste Vierradantrieb der Welt im Angebot war. Ein in Bordeauxrot gehaltenes Exemplar dieser ersten Serie des Lohner-Porsche ist noch heute im Technischen Museum in Wien zu bewundern. Auf das Prinzip des Radnaben-Elektromotors setzte übrigens 70 Jahre später auch die amerikanische Raumfahrtbehörde NASA bei ihrem Mondauto.



Kurz nach dem Lohner-Porsche entwarf der junge Porsche den sogenannten »Mixte«-Wagen. Bei dessen Motor handelte es sich um eine Konstruktion, die heute als Hybrid-Antrieb bekannt ist: Ein Motor kann sowohl mit Strom als auch mit einem Benzin-Kraftstoff betrieben werden – ein Prinzip, das heute, 100 Jahre nach dem »Mixte«-Wagen, wieder aktuell wird. Porsches Radnaben-Hybridmotor basierte auf einem Dynamo, der von einem Benzinmotor angetrieben wurde und so Strom für die Batterie lieferte. Der Einbau direkt an der Radnabe ersparte die Kraftübertragung und damit auch ein Getriebe, was damals ein großer Vorteil war. Die Reibungsverluste bei den Getrieben der Automobil-Urzeit waren nämlich enorm. Dafür ließ die Konstruktion aber keine unterschiedlichen Übersetzungen zu, sprich: weder der Lohner-Porsche noch der »Mixte«-Wagen verfügten über eine Gangschaltung, was sich vor allem bei Steigungen und Gefällen negativ ausgewirkt haben dürfte.

Weil es nun einmal in der Natur des Mannes liegt, sich mit seinen Artgenossen im Wettstreit zu messen, machte sich Porsche sofort nach der Präsentation des »Mixte«-Wagens ans Werk, eine Rennversion seines Hybrid-Fahrzeugs zu bauen. In dieser »Mixte«-Sportversion gewann er 1902 das Exelberg-Rennen, eine damals bedeutende Wertungsfahrt. Der Erfolg sollte sich bis zum kaiserlichen Hof durchsprechen, denn als Reserve-Infanterist des Regiments der Hoch- und Deutschmeister im Range eines Gefreiten durfte Porsche im selben Jahr Thronfolger Erzherzog Franz Ferdinand persönlich bei den Kaisermanövern chauffieren. Der junge Techniker hatte nicht nur ein gutes Gespür für kommende Entwicklungen, sondern auch ein großartiges Talent, Kontakte zu einflussreichen Persönlichkeiten zu knüpfen. Diese Gabe sollte er später noch oft unter Beweis stellen. Porsche chauffierte im »Mixte«-Wagen aber nicht nur kaiserliche Hoheiten, sondern auch seine eigene Familie. Eine der frühesten Kindheitserinnerungen Louise Piëchs war die sonntägliche Fahrt zur Kirche in Vaters Automobil. Der Chauffeur saß mit Zylinder wie auf einem offenen Kutschbock, während die Familie hinten im geschlossenen Coupé Platz nahm.

## *Krach mit Lohner*

Der Lohner-Porsche und der »Mixte«-Wagen waren ihrer Zeit voraus und sollten ihrem Entwickler Ruhm und den Lohner-Werken gute Geschäfte einbringen. Und das, obwohl die junge Technik noch nicht ausgereift war. Das galt für die Autos im Allgemeinen: Die Fahrzeuge blieben oft liegen und wurden damit genauso oft zum Gespött der Leute; im Winter sprangen sie meist erst gar nicht an. Dennoch galt das Auto bald als chic. Der Adel machte den Anfang, und wer im gehobenen Bürgertum etwas auf sich hielt, musste eine selbstfahrende Kutsche kaufen. Wer erst einmal ein Auto besaß, der wurde dann automatisch zum Techniker. Denn ohne eingehendes Studium der Konstruktion ließ sich das Vehikel kaum anstarten oder wieder in Betrieb nehmen, wenn es denn einmal stehen geblieben war.

Damals wurde jedes Fahrzeug noch auf Bestellung produziert, daher war jedes Exemplar ein Einzelstück und speziell an die Wünsche des Kunden angepasst. Beim k. u. k-Hoflieferanten Lohner war der Absatz für damalige Verhältnisse sensationell: Etwa 270 Lohner-Porsche wurden erzeugt, darunter Dutzende Feuerwehrautos, die etwa in Wien bis zum Jahr 1917 im Einsatz waren. Auch die Florianijünger in London, Hamburg und Berlin waren in Fahrzeugen aus dem Lohner-Werk unterwegs. Zu den prominenten privaten Porsche-Fahrern zählten kurz nach der Jahrhundertwende unter anderen Baron Nathan Rothschild, Max Egon Fürst von Thurn und Taxis, Erzherzog Franz Salvator, Karl Fürst Kinsky und Julius Meinl.

Trotz der guten Verkaufszahlen kühlte das Verhältnis zwischen Lohner und Porsche aber merklich ab. Peter Müller schreibt in seiner Porsche-Biographie dazu: »Der Konstrukteur war von einer wahren Experimentierwut befallen, er wollte alles immer besser machen, und das hält finanziell auch der gesündeste Betrieb nicht aus. Ingenieur Richard Lohner, der Sohn des Industriellen, erinnerte sich noch an diese Zeit: ›Ja, der Herr Porsche hat meinen Vater rund eine Million Goldkronen gekostet. Er hat ihm zu viel experimentiert.« Diesen Vorwurf sollte Porsche in seinem späteren Berufsleben noch des Öfteren zu hören bekommen. Er war ein Tüftler, ein Bastler: Ihn interessierte das technisch Neue, das in seinen Augen Perfekte – gleich, wie viel es kostete oder ob es sich gewinnbringend verkaufen ließ. Ferdinand Porsche sollte in seinem späteren Berufsleben immer einen Kaufmann an seiner Seite brauchen. Im Jahr 1905 wurde sein Vertrag mit Lohner einvernehmlich gekündigt.

## 2. KONSTRUKTEUR BEI AUSTRO-DAIMLER

1905 übersiedelte die Familie Porsche nach Wiener Neustadt, wo der mittlerweile international bekannte Konstrukteur zum Entwicklungs- und Produktionsleiter der Österreichischen Daimler Motoren KG Brienz Fischer & Co – kurz: Austro-Daimler – bestellt wurde. Für den 30-Jährigen war das ein gewaltiger Karrieresprung. Schließlich war er der Nachfolger von niemand Geringerem als Paul Daimler, dem Sohn des Automobil-Pioniers Gottlieb Daimler. Austro-Daimler gehörte damals zu den innovativsten Unternehmen des Kontinents: Als Fiaker und Kutschen noch die alltäglichen Fortbewegungsmittel waren, baute man in Wiener Neustadt bereits Lastwagen, Kleinautos und Motorboote. 1903 wurde der erste Postautobus ausgeliefert, der auf der Linie Venedig–Padua–Treviso zum Einsatz kam. Zwei Jahre später konstruierte Paul Daimler das erste selbstfahrende Panzerfahrzeug der Geschichte. Auch unter seinem Nachfolger Ferdinand Porsche sollte Austro-Daimler kräftig im Rüstungsgeschäft mitmischen.

Austro-Daimler war also ein Unternehmen, das für Porsche und dessen schier unbändigen Forschergeist wie geschaffen war. Das zeigte sich auch daran, dass Porsche bis 1923 technischer Direktor blieb. In späterer Folge sollte er niemals mehr so lange Zeit für ein und dasselbe Unternehmen tätig sein. Am Beginn seiner Tätigkeit für Austro-Daimler fing Porsche dort an, wo er bei Lohner aufgehört hatte: Er konstruierte Automobile mit benzinelektrischem Antrieb (Hybrid-Technik), aber auch mit reinen Verbrennungsmotoren.



### *Der Herrenfahrer*

Porsche war aber nicht nur Konstrukteur, sondern auch begeisterter, guter und vor allem schneller Autofahrer. Als solcher nahm er an vielen Rennen teil. Nach dem Exelberg-Rennen gewann er mit einem Lohner-Porsche auch das Semmering-Bergrennen in neuer Rekordzeit. Bei einem weiteren Start am Semmering im Jahr 1909 verpasste Porsche übrigens die Geburt seines Sohnes Ferry. Sein größter motorsportlicher Erfolg gelang ihm aber 1910: In einem Austro-Daimler mit einer damals revolutionären Torpedo-Karosserie (»Tulpenform«) siegte er bei der Prinz-Heinrich-Fahrt, der bedeutendsten Wertungsfahrt seiner Zeit. Bei diesem Rennen ging es auf wechselnden Strecken vor allem darum, die Zuverlässigkeit der noch jungen Automobiltechnik unter Beweis zu stellen.

Im Jahr 1910 führte die Strecke über 1.495 Kilometer von Berlin über Magdeburg, Braunschweig, Kassel, Würzburg, Nürnberg, Stuttgart, Straßburg und Trier nach Bad Homburg. Das Siegerfahrzeug, das eine für damalige Verhältnisse geradezu sagenhafte Spitzengeschwindigkeit von 140 Stundenkilometern erreichte, hatte Porsche nicht nur selbst gesteuert, sondern natürlich auch selbst konstruiert. Tochter Louise durfte zur Feier ihres siebten Geburtstags nach dem Zieleinlauf auf dem Trittbrett des Siegerautos mitfahren. Der Beifahrer ihres Vaters bei diesem Rennen war übrigens ein junger Kroate namens Josip Broz, der später den Kampfnamen »Tito« annahm und zum kommunistischen Partisanenführer und jugoslawischen Staatschef aufsteigen sollte. Auch die Plätze zwei und drei gingen in diesem Jahr an Autos, die Porsche für Austro-Daimler konstruiert hatte.

Das Verhältnis zwischen den Automobilen und ihren Piloten zu dieser Zeit beschreibt Peter Müller in seiner Porsche-Biographie derart köstlich, dass der Verfasser seinem geneigten Leser den Originaltext nicht vorenthalten möchte: »Heute beschäftigt der Generaldirektor einen routinierten Fahrer, der seine hundertundachtzigpferdige Limousine sicher durch das Verkehrsgewühl steuert. Früher sah man es anders. Um bei Porsche zu bleiben: der technische Direktor war Herrenfahrer. Er wollte keinen Chauffeur, er wollte in jungen Jahren selbst seinen Wagen len-

ken. Daher auch der Name Herrenfahrer. So wie sie in den Achtzigerjahren ihre Viererzüge durch die Straßen lenkten, sausten sie in den ersten Jahren des zwanzigsten Jahrhunderts über die staubigen Straßen, und dieser Schnelligkeitsrausch musste hart erarbeitet werden: achtzig Prozent aller Pannen wurden durch geplatzte Pneus verursacht. Als einer der Freunde Porsches im Jahre 1903 eine Autotour nach Italien unternahm, brauchte er zwanzig Schläuche und vier Mäntel. Dieses Gummiarsenal musste er aber mitführen, denn auf der ganzen Strecke gab es keine Reparaturwerkstätte.
Der Treibstoff war anfänglich nur literweise in Drogerien erhältlich. Als das Gedränge in den Drogerien dann gefährliche Formen annahm, kam ein Benzinlieferant in der Brigittenau auf die gute Idee, den Sprit in große handliche Kannen abzufüllen und zu verkaufen. Das Kannengeschäft florierte und innerhalb weniger Tage war die erste Tankstelle Wiens in Betrieb.
In den Zeitungen wurde fleißig inseriert und die Werbung trieb manchmal sonderbare Blüten. Als vierzehn Autopioniere eine erfolgreiche Gruppenfahrt von Frankfurt nach München durchführten, ließ eine Reifenfirma die originelle Anzeige drucken: ‚Von den vierzehn Konkurrenten, welche ihre Wagen mit Michelin-Pneus montierten, hatte kein einziger einen Defekt, welcher schlechte Punkte nach sich gezogen hätte. In den Pneus war Frankfurter Luft nach dem Eintreffen in München!‘«

## *Porsche als Pionier der Luftfahrt*

Weniger romantisch als diese Schilderungen waren die Pläne des österreichischen Generalstabschefs Konrad von Hötzendorf, der für seine Armee eine eigene Luftflotte aufbauen wollte. Man schrieb das Jahr 1907 und noch gab es weit und breit kein Flugzeug, das nur ansatzweise zuverlässig und leistungsfähig genug war, um für das Militär einsetzbar zu sein. Realistisch wurden die Pläne von Hötzendorfs erst, als sich eine Kooperation zwischen Austro-Daimler mit Ferdinand Porsche und dem österreichischen Luftfahrt-Pionier Igo Etrich anbahnte. Zwischen den beiden genialen Technikern und Konstrukteuren entwickelte sich auch eine innige Männerfreundschaft, die sich positiv auf die Geschichte der Luftfahrt auswirkte.

Um die Entwicklung voranzutreiben, wurde 1909 bei den Austro-Daimler-Werken ein eigenes Flugfeld eingerichtet. Die berühmte Etrich-Taube mit dem wassergekühlten Reihenmotor von Austro-Daimler war eines der ersten serienreifen Flugzeuge, das als so zuverlässig betrachtet werden konnte, um für das Militär in Frage zu kommen. 1910 übertrug Etrich die Lizenzen den Austro-Daimler-Werken. Das gemeinsam entwickelte Flugzeug erwies sich als Exportschlager und wurde nach Italien, Russland und sogar China geliefert. 1911 setzte die italienische Armee in Libyen zum ersten Mal eine Etrich-Taube als Bomber ein: Die zwei Kilogramm schweren Bomben wurden per Hand abgeworfen. In Österreich erwies sich die Militär-Bürokratie als gewohnt schwerfällig: Obwohl die Beschaffungspläne für Flugzeuge als »dringend« eingestuft worden waren, lag Ende 1910 nur eine Bestellung für zwei Maschinen vor.

Konstruiert und gebaut hat Austro-Daimler auch den Antrieb für das erste österreichische Luftschiff. Dabei handelte es sich um ein sogenanntes »Prall-Luftschiff«, bei dem die Form im Gegensatz zum deutschen Zeppelin nicht durch ein Gerippe verstärkt war. Das machte das Prall-Luftschiff wesentlich billiger als seinen deutschen Bruder. Im Grunde genommen galt es, einen 90 Meter langen Heißluftballon lenkbar zu machen und anzutreiben. Dazu entstand auf dem Reißbrett Ferdinand Porsches ein 150 PS starker Motor. Jeweils zwei dieser Maschinen trieben ein Luftschiff an. Der technische Direktor von Austro-Daimler war wiederholt bei Probeflügen an Bord. Schließlich war er Praktiker und wollte sich persönlich davon überzeugen, ob und wie gut seine Motoren in der Luft funktionierten.

## *Im Dienste der Rüstung*

Am politischen Horizont war es bereits deutlich zu erkennen: Die Zeichen standen auf Sturm. Bald sollten jene »Stahlgewitter« anbrechen, die Erich Maria Remarque, Ernst Jünger und Fritz Weber so eindringlich beschrieben haben. Im Vorfeld des ersten großen Völkerringens wurde die Wirtschaft der Donaumonarchie bereits in den Dienst jenes Krieges gestellt, der sich schon abzeichnete und der damit wahrscheinlich auch unabwendbar wurde. Das galt im Besonderen für die bedeutende Auto- und Motorenfabrik Austro-Daimler. Ab 1911 entwickelte Porsche für die österreichische Armee Traktoren, mit denen große Geschütze gezogen werden konnten. Die tonnenschweren Kanonen waren für Pferdegespanne eine Nummer zu groß. Eine Anbindung an die Schiene erschien aus taktischen Gründen nicht sinnvoll, schließlich gab es nicht an jeder möglichen Front einen Eisenbahnanschluss.

Bereits zu Beginn des Krieges stand ein Zugwagen mit der Typenbezeichnung M-17 zur Verfügung. Im Auftrag des Pilsener Waffenfabrikanten Karl Ritter von Škoda entstand dann der sogenannte C-Zug. Škoda gehörte dem Vorstand von Austro-Daimler an, seitdem er sich 1913 in das Unternehmen eingekauft hatte. Heute würde man wohl von einer feindlichen Übernahme sprechen. Mit dem C-Zug konnte der damals weltgrößte, 81 Tonnen schwere Mörser transportiert wurde. Die einzelnen Teile dieses stählernen Ungetüms wogen bis zu 38 Tonnen! Außerdem entwickelte Porsche in dieser Zeit große Reihen-Sechszylinder-Motoren und Zwölfzylinder-Maschinen in V-Form, die bis zu 400 PS leisteten – für damalige Verhältnisse wahre Kraftpakete.

Militär- und Technikgeschichte sollte Porsche auch mit einer weiteren Entwicklung schreiben, mit der er das gesamte Nachschubsystem der k. u. k.-Armee revolutionierte. Die Rede ist vom sogenannten »Landwehr-Train«. Dabei handelte es sich um einen »motorisierten Tausendfüßler«, der aus zehn und mehr

Wagen bestand und trotzdem eine durchschnittliche Geschwindigkeit von 18 Stundenkilometern erreichte. Die einzelnen Anhänger blieben aufgrund eines ausgefeilten Lenksystems auch auf kurvenreichen Straßen in der Spur der Zugmaschine. Mit dem »benzin-elektrischen Tatzelwurm« (Peter Müller) konnten 20 Tonnen und mehr an Nachschub transportiert werden. Zum Vergleich: Ein Wagen mit Vierradantrieb und hoch beladenen Anhängern schaffte maximal sechs Tonnen Fracht, allerdings nur auf ebener Fahrbahn. Einsetzbar war der Landwehr-Train sowohl im Gelände als auch auf der Schiene.

Wie bedeutend die Entwicklung war, zeigt sich auch anhand eines Rechenbeispiels, das Peter Müller in seiner Porsche-Biographie erstellt hat: »Für ein Korps mit drei Divisionen sind etwa 200 Tonnen Verpflegung notwendig, und das in einem Zeitraum von vierundzwanzig Stunden. Diese Transportkolonnen würden vom Feind einfach zu bekämpfen sein: vierhundert Pferdefuhren zu je fünf Zentner ergeben eine Kolonne von 4500 Meter Länge; sechsundsechzig Lastautos mit je drei Tonnen Fracht stauen sich zu einer schwerfälligen, motorisierten Schlange, die immerhin noch 924 Meter lang ist; aber zehn Porsche Autozüge mit einer Kapazität von je 20 Tonnen haben eine Länge von je vierzig Meter.«

Das System des Landwehr-Trains tauchte dann 40 Jahre später wieder auf: Der texanische LeTourneua-Konzern entwickelte einen Fernlaster, mit dem die USA ihren hohen Norden in Alaska erschließen konnten. Allerdings war den Amerikanern nicht bewusst, dass ihre hochgepriesenen Autozüge bereits in der Steinzeit des Automobils von einem österreichischen Techniker erfunden worden waren. »Lernen Sie Geschichte«, könnte man mit dem ehemaligen österreichischen Bundeskanzler Bruno Kreisky sagen. Hätten es die Amerikaner getan, sie hätten viel an Entwicklungskosten sparen können.



Zurück aber zu Ferdinand Porsche: Wie später die NS-Zeit bedeutete der Erste Weltkrieg für Porsche eine Zeit des Aufstiegs:

1917 wurde er zum Generaldirektor von Austro-Daimler bestellt. Für die Konstruktion seines Vierzylinder-Flugzeugmotors ernannte ihn 1917 die Technische Hochschule Wien zum Ehrendoktor der Technischen Wissenschaften (Dr.-Ing. h. c.). Im gleichen Jahr erhielt er auch das Offizierskreuz des Franz-Joseph-Ordens; den alten Herrscher selbst hatte Porsche bei wiederholten Privataudienzen kennengelernt. Kaiser Karl wollte Porsche für dessen Arbeiten an Flugzeugmotoren sogar zum »Grafen von Propeller« ernennen. Aufgrund der Wirren in der letzten Phase des Krieges und damit auch der Donaumonarchie kam es aber nicht mehr zu dieser Adelung.
Nach dem Zusammenbruch war Porsche als geborener Böhme plötzlich tschechischer Staatsbürger. Das war nicht weiter schlimm, denn Porsche sprach Tschechisch, seitdem er als Schüler an einem Austauschprogramm teilgenommen hatte. Der Konstrukteur hätte zwar auch für die österreichische Nationalität optieren können, das hätte aber einerseits den Verlust des Besitzes seiner Eltern nach sich gezogen – dort etablierte sich übrigens später sinnigerweise eine Autowerkstätte – und ihm andererseits auch Auslandsreisen vorerst unmöglich gemacht. Als Angehörige eines besiegten Landes durften Österreicher nach Ende des Ersten Weltkriegs die Grenzen ihres plötzlich so klein gewordenen Landes vorerst nicht überschreiten. Als Neo-Tscheche war es zunächst Porsches Aufgabe, die Produktion von Austro-Daimler wieder auf den Frieden umzustellen. Bei so einem Werk ging das damals nicht von heute auf morgen. Zudem hatten die Siegermächte Interesse an den halbfertigen Produkten. Es dauerte fast ein Jahr, bis den Alliierten die letzten benzin-elektrischen Landwehr-Trains übergeben werden konnten.



## *Der »Sascha«-Sportwagen – seiner Zeit voraus*

Im Jahr 1919, als der Krieg produktionsmäßig endlich auch für Austro-Daimler zu Ende ging, waren in Wiener Neustadt 6.000

Mitarbeiter beschäftigt. Um diese Arbeitsplätze zu erhalten, wandte sich das Management wieder zivilen Projekten zu. Vor allem konzentrierte man sich auf den Fahrzeug- und Motorenbau – Ferdinand Porsche war in seinem Element: »Der Austro-Daimler-Generaldirektor glich einer geballten Ladung auf zwei Beinen, er sprühte vor Ideen, die er am liebsten noch am gleichen Tag verwirklicht sehen wollte«, schreibt sein Biograph Peter Müller über diese Zeit. Für seinen damals elfjährigen Sohn Ferry baute Porsche als Weihnachtsgeschenk einen kleinen Zweisitzer, eine Art motorisierte Seifenkiste, die es aber immerhin auf 50 Stundenkilometer brachte. Mit diesem »Ziegenbockwagen« kurvte Porsche junior auf dem Werksgelände herum, und manches Mal wagte er auch eine Ausfahrt auf die Straße, wobei die Polizei stets beide Augen zudrückte. Seine ersten Lenkversuche hatte Ferry übrigens schon Jahre zuvor auf dem Schoß seines Vaters sitzend unternommen. Prompt lenkte er den Wagen in einen Zaun, wobei der Kotflügel eingedrückt wurde.

Natürlich verließen auch seriöse Produkte die Werkshallen: etwa der solide vier- bis sechssitzige Personenwagen AD 617, außerdem weiterhin leistungsstarke Flugmotoren und große Zugmaschinen, zudem Feuerwehrfahrzeuge, Oberleitungsbusse und Transportsysteme mit benzin-elektrischem Antrieb. Verstärkt widmete sich Porsche auch seinen beiden Leidenschaften: der Autorennfahrt und der Konstruktion eines kompakten und zuverlässigen Kleinwagens. Ihre Verwirklichung fanden beide Passionen in einem kleinen, fortschrittlichen Boliden mit 1,1 Liter Hubraum und 45 PS, der manches Mal als automobiler Urvater des Käfers gesehen wird. Der Aufsichtsrat interessierte sich jedoch nicht sonderlich für das Modell. Im Gegenteil: Man warf Porsche vor, dieser würde zu viel experimentieren und die Serienfertigung vernachlässigen. Porsche schaffte es aber, 1921 die Aufmerksamkeit des Grafen Alexander »Sascha« Kolowrat-Krakowsky zu wecken. Der extravagante Adelige, der die »Sascha«-Filmstudios in Wien besaß, war wohlhabend genug, um sich seine Leidenschaft für luxuriöse Gegenstände, schöne Frauen und teure Autos leisten zu können. Er griff Porsche gern unter die Arme. Der wiederum benannte die Sportversion seiner neuesten Kreation nach seinem Sponsor »Sascha«.

In seinem »Sascha«-Rennwagen startete Porsche persönlich bei der berühmten Targa Florio auf Sizilien und gewann prompt seine Klasse. Auch Platz zwei ging an einen »Sascha«. Die »Gazzetta dello Sport« schrieb damals über diesen Erfolg: »Noch bis vor Kurzem hätte man es einfach für unerreichbar erklärt, mit einem Vierzylindermotor, der in die Kategorie der allerkleinsten Wagen gehört, eine derartige Höchstleistung in Geschwindigkeit und Widerstandsfähigkeit zu erzielen.« Auf einigen Geraden waren mit den Stoppuhren Geschwindigkeiten von bis zu 144 Stundenkilometern gemessen worden. Auf der 108 Kilometer langen Runde, die insgesamt viermal bewältigt werden musste, schafften die »Saschas« einen Durchschnitt von 55 Stundenkilometern. Und das, obwohl fast zur Gänze auf Schotterstraßen gefahren wurde, die mit unzähligen Kurven und Schlaglöchern gespickt waren. Für die Fahrer und ihre Copiloten bedeutete das Rennen eine enorme körperliche Belastung.

In den Jahren 1921 und 1922 war der »Sascha«-Sportwagen bei 51 Rennen am Start, 43-mal rollte er als Erster über die Ziellinie. Diese Erfolge sollte Porsche im ständig schwelenden Konflikt mit seinem Aufsichtsrat zu seinen Gunsten anführen. Die Siege bei den Rennen würden den Verkauf ankurbeln, argumentierte er. Trotzdem wurde der »Sascha« nicht zu einem Serienfahrzeug weiterentwickelt – die Zeit für einen billigen Kleinwagen war Anfang der Zwanzigerjahre einfach noch nicht reif. Zudem musste Austro-Daimler aufgrund der wirtschaftlichen Lage die Mittel für die Rennwagen-Abteilung stark kürzen. Man befand sich inmitten der Hyperinflation, die 1924 in einer Währungsreform enden sollte. Zum endgültigen Bruch kam es nach einem Unfall bei einem Rennen in Monza im September 1922: Die Speichen eines »Sascha«-Sportwagens brachen, der damals berühmte Rennfahrer Fritz Kuhn – einer der besten Freunde Porsches – starb bei dem Unfall. Obwohl es sich eindeutig um einen Materialfehler handelte, warfen seine Gegner im Aufsichtsrat und Management Porsche einen Konstruktionsfehler vor. Die Serienproduktion einer Straßenversion des »Sascha« war damit endgültig gestorben. Es kam zu einer turbulenten Sitzung, an deren Ende der geniale Techniker seinen Aufsichtsrat eine »Saubagage« nannte und als Generaldirektor von Austro-Daimler zurücktrat. Die gescholtenen Aufsichtsräte ihrerseits verhängten über Porsche ein Hausverbot.

# 3. Einmal Deutschland und zurück

Nach dem endgültigen Bruch mit Austro-Daimler ging Porsche samt Familie nach Stuttgart, wo er 1923 Leiter des Konstruktionsbüros und Vorstandsmitglied der Daimler-Motoren-Gesellschaft wurde. Die beiden Daimler-Unternehmen in Österreich und Deutschland hatten offensichtlich außer dem Namen nicht viel gemeinsam. Die Lage war damals für die Branche alles andere als rosig. »Es gab nämlich damals in Deutschland 86 Automobilhersteller, die insgesamt 144 Typen herausbrachten. Dabei hätte den gesamten Automobilbedarf in diesem ausgelaugten Deutschland der Nachkriegszeit eine einzige gut ausgerüstete Fabrik decken können«, schreibt Peter Müller in seiner Porsche-Biographie. Demzufolge wurde der ehemalige Generaldirektor von Austro-Daimler in Stuttgart nicht von allen mit offenen Armen aufgenommen. Seine Konstruktionen galten zwar als genial, aber auch als teuer, was sie im Endeffekt ja waren.
Wie Ferdinand Piëch in seiner »Auto.Biographie« schreibt, glaubte der Clan-Gründer damals trotzdem an ein längeres Engagement und ließ daher als neues Stammhaus für seine Familie in Stuttgart eine Villa auf dem Killesberg bauen. Damit habe er unfreiwillig bereits die Trennung in »ein deutsches und ein österreichisches Geschäftsfeld« der Familie begründet, so Piëch. Die Villa verfügte nicht nur über einen großzügigen Wohnbereich, sondern auch über eine große Garage samt Werkstätte. Hier, im Feuerbacher Weg, sollte Jahre später der erste Prototyp des Volkswagens entstehen.

### *Die Entwicklung des Kompressor-Motors*



In seiner kurzen Zeit bei Daimler beschäftigte sich Porsche vor allem mit der Weiterentwicklung der Kompressor-Motoren. Binnen weniger Monate konstruierte er zwei große Sechszylinder-

Maschinen, bei denen durch mechanische Verdichtung mittels Kompressoren die Leistung um bis zu 40 Prozent erhöht wurde. Diese Motoren wurden in die Daimler-Rennwagen eingebaut und begründeten damit den Ruhm der Marke Mercedes auf den Rennstrecken. Seinen ersten Erfolg sollte ein von Porsche konstruierter Kompressor-Rennwagen bei der Targa Florio 1924 einfahren. Der Sieg brachte nicht nur enormen Prestigegewinn für Daimler, sondern auch die Ehrendoktorwürde der Technischen Hochschule Stuttgart für Ferdinand Porsche: »In Anerkennung Ihrer hervorragenden Leistung beim Kraftwagenbau im allgemeinen und im besonderen als Konstrukteur des siegreichen Wagens im Targa-Florio 1924!«, war in der Verleihungsurkunde zu lesen. Auch die Italiener waren von den Mercedes-Flitzern begeistert: König Vittorio Emanuele ernannte den nunmehrigen Doppeldoktor h.c. zum Ritter der italienischen Krone.
Ab 1926 erlebte Ferdinand Porsche eine ernste berufliche und wohl auch persönliche Krise. Die angespannte wirtschaftliche Situation zwang die Daimler-Motoren-Gesellschaft und die »Benz & Cie, Rheinische Gasmotorenfabrik Mannheim« zur Fusion, wodurch Porsches Position erheblich geschwächt wurde. So durfte er nicht mehr allein über Konstruktionen entscheiden. Außerdem wurden ihm ein allzu lockerer Führungsstil und finanzielle Misserfolge bei Lkw-Modellen vorgeworfen. Zudem hatte Porsche persönlich größere Schulden bei seinem Arbeitgeber, die wohl aus dem Bau seiner Villa resultierten. Das alles führte dazu, dass 1928 sein Arbeitsvertrag nicht verlängert wurde. Da Porsche aber von einer längerfristigen Anstellung ausgegangen war, ging er vor Gericht. 1930 einigten sich die beiden Seiten auf einen Vergleich: Porsche akzeptierte die Trennung, im Gegenzug erließ ihm Daimler-Benz die Schulden. In ihren diversen Veröffentlichungen verschweigen die Porsche AG und die Holding übrigens stets dezent, dass der Stammvater der PS-Dynastie im Streit bei Daimler-Benz ausgeschieden ist. Die Rede ist hier immer nur vom Ende des Vertragsverhältnisses.

Fünfeinhalb Jahre lang war Porsche bei Daimler in Stuttgart gewesen. Neben den Kompressor-Rennwagen hatte er »in einem Schaffensrausch ohne Beispiel« (Peter Müller) einen Kleinwagen mit einem Ein-Liter-Motor entwickelt, der im Frühjahr 1928 in einer Versuchsserie von 30 Stück gebaut wurde, weiters einen schweren Diesel-Lastwagen, einen Zwölfzylinder-Flugzeugmotor und einen Antrieb für ein neues Motorrad, das bereits mit einer damals noch völlig unüblichen Hinterrad-Federung ausgestattet war. Außerdem nahm ein schwerer Achtzylinder-Rennwagen mit einer Drei-Liter-Maschine konkrete Formen an.

## *Technischer Leiter der Steyr-Werke*

Bereits während des Rechtsstreits mit Daimler-Benz kehrte die Familie Porsche nach Österreich zurück: 1929 übernahm das knapp 54-jährige Familienoberhaupt die technische Leitung der Steyr-Werke. Die heimischen Zeitungen berichteten damals ausführlich über die Rückkehr des bekannten Konstrukteurs und zeigten sich stolz darüber, »einen Mann von der konstruktiven Genialität Dr. Porsches wieder in Österreich zu wissen«. Bereits ein Jahr zuvor hatte seine mittlerweile prominent gewordene Tochter Louise den Wiener Rechtsanwalt Dr. Anton Piëch geheiratet. Sohn Ferry besuchte in dieser Zeit in Wien eine Privatschule und erweiterte sein technisches Verständnis, wenn er an den Wochenenden seinem Vater in den Steyr-Werken über die Schulter blickte.

Für die damals größte österreichische Automobilfabrik konstruierte Porsche innerhalb kürzester Zeit den Mittelklassewagen Steyr 30 und die berühmte Limousine Steyr 100. Und der ehrgeizige neue technische Direktor wollte daheim in Österreich eines seiner Lieblingsprojekte realisieren: einen eleganten, schweren Tourenwagen. Das Modell erhielt die Bezeichnung »Austria« und wurde Anfang 1929 in einer Vorserie von drei Stück produziert. Porsche brachte einen der Wagen persönlich zum Pariser

Automobilsalon, wo das edle Cabriolet mit Drahtspeichenrädern *die* Sensation war. Bereits auf der Messe meldeten sich zahlreiche Interessenten. Dennoch sollte dem Wagen kein Erfolg beschieden sein. Noch während des Pariser Autosalons war eine Finanzkrise der »Österreichischen Bodenkreditanstalt«, der Hausbank der Steyr-Werke, öffentlich geworden. Das marode Geldinstitut wurde von der »Kreditanstalt am Hof« übernommen, pikanterweise die Hausbank von Austro-Daimler. Und der ehemalige Arbeitgeber Porsches erblickte im neuen »Austria« von Steyr eine ernsthafte Konkurrenz zum repräsentativen ADR. Zudem hatte sich Porsche bereits in seiner Zeit bei Austro-Daimler mit den Aktionären der Kreditanstalt überworfen. »Der Mann, der keine Kompromisse liebte, zog die Konsequenzen und schied abermals aus einer gut bezahlten Stellung«, schreibt Porsche-Biograph Peter Müller.

Spätere Vorstände der Steyr-Werke haben wiederholt betont, Porsches Rolle im Unternehmen sei keine herausragende gewesen, schließlich sei er gerade einmal etwas mehr als ein Jahr hier tätig gewesen. Und die Produktion des Steyr 30 sei erst 1931, also nach dem Abgang Porsches, angelaufen. Die Konstruktion sei von seinem Nachfolger Karl Jenschke fertiggestellt worden. Der Steyr 100 sei sogar noch später erzeugt worden. Tatsache ist aber, dass der Steyr 30 und der Steyr 100 technisch an andere Konstruktionen Porsches erinnern – so hat Porsche das Rohrrahmengestell mit Schwingachsen eingeführt – und dass die Steyr-Fahrzeuge vorher und nachher kaum eine Ähnlichkeit mit den beiden Typen aufgewiesen haben.

### *Der Weg in die Selbstständigkeit*



Nach der Trennung von den Steyr-Werken hatte Porsche endgültig die Nase voll von Aktionären, die nur an ihrem Profit interessiert waren, von Bankdirektoren, die ihm Einschränkungen auferlegen wollten, und von Vorstandskollegen, die ihm den Erfolg neideten. Daher lehnte der erfolgreiche Konstrukteur auch Angebote von Škoda und General Motors ab und kehrte lieber nach Stuttgart zurück, wo er am 1. September 1930, zwei Tage vor seinem 55. Geburtstag, ein eigenes Konstruktionsbüro eröffnete. Dieses wurde dann am 25. April 1931 als »Dr. Ing. h. c. F. Porsche Gesellschaft mit beschränkter Haftung, Konstruktionen und Beratungen für Motoren und Fahrzeugbau« mit Sitz in der Stuttgarter Kronenstraße 24 im Register für Gesellschaftsfirmen eingetragen.

Für Stuttgart hatten viele Gründe gesprochen, erinnert sich Ferry Porsche an die Wahl des Standorts: »Zunächst liegt die Stadt ziemlich zentral in Europa. Alle wichtigen Industrieländer sind gut zu erreichen. In Stuttgart, wo neben Mannheim ja das Automobil erfunden wurde, gab es damals schon viele Werke, die entweder Automobile bauten oder Teile dafür produzierten. Sie alle kamen als Kunden in Frage und boten bei Entwicklungen die Möglichkeit, schnell zu Lösungen zu kommen.« Zudem stand in Stuttgart die Porsche-Villa zur Verfügung. Ferry war mit Stuttgart auch durch zarte Bande verknüpft. Er hatte hier 1927 seine spätere Frau kennen- und lieben gelernt.

Porsche senior hatte zwölf Techniker überzeugen können, mit ihm den Weg in eine ungewisse Zukunft zu wagen – allen voran Karl Rabe. Der ehemalige Cheftechniker Porsches bei Austro-Daimler wurde auch im neuen Konstruktionsbüro Porsches rechte Hand. Das Unternehmen gehörte zu 70 Prozent dem Gründer. 15 Prozent der Anteile hielt Schwiegersohn Anton Piëch, der Rechtsberater wurde. Damit war das beschauliche Familienleben der Piëchs in Wien vorbei: Von nun an war Pendeln zwischen der österreichischen und der schwäbischen Hauptstadt angesagt. Die restlichen 15 Prozent besaß der Kaufmann und Rennfahrer Adolf Rosenberger, der ein persönlicher Freund Ferdinand Porsches war und die Funktion des kaufmännischen Leiters übernahm.



Noch keine Anteile hielt vorerst Ferry Porsche, er gehörte aber von der Gründung an zu den Mitarbeitern seines Vaters im Konstruktionsbüro. Zuvor hatte der gerade erst einmal 22-Jährige ein einjähriges Praktikum bei der Firma Bosch in Stuttgart absolviert. Schon 1932 übernahm Ferry Verantwortung im Unternehmen, als ihn sein Vater mit der Überwachung von Versuchen beauftragte. Darüber hinaus war der Juniorchef für die Koordinierung der Konstrukteure sowie für die Kontaktpflege zu den Auftraggebern zuständig.

Obwohl Ferdinand Porsche über einen ausgezeichneten Ruf und einen hervorragenden Technikerstab verfügte, gestaltete sich die Anfangszeit für das Unternehmen äußerst schwierig. Der mächtige Daimler-Benz-Konzern schnitt die neue Konkurrenz, wo es nur ging: Zeitweise wurde den Beschäftigten von Daimler-Benz mit fristloser Kündigung gedroht, sollten sie oder ihre Ehefrauen Kontakt zu Porsche haben. Es war der Kaufmann Adolf Rosenberger, der dafür sorgte, dass das Unternehmen trotz Auftragsmangels und Porsches Hang zu teuren Konstruktionen die Gründungszeit finanziell überstand, indem er Porsches hochfliegende Pläne auf ein wirtschaftlich vertretbares Maß zurückstutzte. »Adolf Rosenberger zählte zu den wenigen Menschen, von denen sich Ferdinand Porsche auch etwas sagen ließ«, schreibt Porsche-Biograph Peter Müller.

Das Konstruktionsgenie des 20. Jahrhunderts dürfte kein einfacher Geschäftspartner und Chef gewesen sein. Zahlreiche Wutanfälle sind überliefert, bei einem hat Porsche sogar seinen Hut zertrampelt. Für Rosenberger sprach nicht nur die Freundschaft zu Porsche, sondern vor allem die Tatsache, dass er etwas von Autos und Motoren verstand. Der für das Unternehmen so wichtige Geschäftsführer schied jedoch bereits 1933 aus. Nach der Machtergreifung der Nationalsozialisten war er in der deutschen Geschäftswelt als Jude nicht mehr willkommen. Neuer kaufmännischer Leiter und Teilhaber wurde der Wiener Baron Hans von Veyder-Malberg, ein Bekannter Anton Piëchs.

*ADOLF ROSENBERGER*

*Adolf Rosenberger wurde 1900 als Sohn des jüdischen Geschäftsmannes Simon Rosenberger in Pforzheim geboren. In den Zwanzigerjahren trat Rosenberger als Privat-Rennfahrer mit legendären Autos wie dem Benz-Tropfenrennwagen, dem Mercedes-Benz SSK oder dem Mercedes Kompressor an. Mit 23 Jahren zählte er zu den erfolgreichsten europäischen Rennfahrern. Dabei freundete er sich auch mit Ferdinand Porsche an, der ja seine Konstruktionen regelmäßig im härtesten Rennbetrieb auf Schraube und Niete testen ließ.*

*Als persönlicher Freund Ferdinand Porsches wurde Rosenberger 1931 Teilhaber und kaufmännischer Direktor der Dr. Ing. h. c. F. Porsche GmbH. Es wird vermutet, dass Rosenbergers Erfahrungen mit dem Tropfenwagen von Benz, der mit einem Mittelmotor ausgestattet war, wesentlichen Einfluss auf die Entwicklung jenes erfolgreichen Sportwagens hatten, den das Porsche-Konstruktionsbüro für die Auto-Union entwarf. Nach der Machtergreifung der Nationalsozialisten schied Rosenberger 1933 als Geschäftsführer der Porsche GmbH aus. Hintergrund des Ausscheidens war natürlich seine jüdische Herkunft. Zum Verhängnis wurde ihm aber auch ein folgenschwerer Unfall, den er mehrere Jahre zuvor als Rennfahrer auf der Berliner Avus-Rennstrecke hatte. Damals waren mehrere Zuschauer ums Leben gekommen. Nachdem die NSDAP die Macht übernommen hatte, wurde das Verfahren gegen den Porsche-Geschäftsführer wegen dieses Unfalls beschleunigt. Rosenbergers 15-Prozent-Anteil übernahm der neue kaufmännische Geschäftsführer Baron Hans von Veyder-Malberg. Bei dessen Auswahl hatte auch die Tatsache eine Rolle gespielt, dass seine Gattin Schweizerin war. So konnten Rosenbergers Anteile über Schweizer Konten abgelöst werden.*

*Im September 1935 – unmittelbar nach Inkrafttreten der Nürnberger Gesetze – wurde Rosenberger wegen Blutschande verhaftet und in das Konzentrationslager Kislau eingewiesen. Bereits vier Tage später wurde er aber wieder entlassen. Ferdinand Porsche und sein Sohn Ferry sollten später behaupten, die Enthaftung sei auf ihre Intervention angeordnet worden. Rosenberger widersprach dieser Darstellung jedoch. 1936 emigrierte er in die USA, wo er sich als Alan Arthur Robert in Kalifornien eine neue Existenz aufbaute. Nach dem Krieg forderte der ehemalige kaufmännische Leiter des Porsche-Konstruktionsbüros von Ferry Porsche eine Abfindung in Höhe von 200.000 Mark. Weil Anton Piëch jedoch noch Unterlagen über den Zahlungsverkehr via Schweiz vorlegen konnte, einigte man sich gütlich auf eine wesentlich geringere Zahlung. Rosenberger alias Robert starb 1967. Seine Asche wurde auf dem jüdischen Friedhof in New York beigesetzt.*

Der erste große Wurf gelang dem Porsche-Konstruktionsbüro bereits im Jahr seiner Gründung: 1931 meldete Ferdinand Porsche ein Patent auf die Drehstabfederung an. Diese soll Stöße, die aus Fahrbahn-Unebenheiten resultieren, durch eine metallische Verbindung zwischen der Karosserie und der Radaufhängung aufnehmen. Das heißt: Jedes Rad ist einzeln gefedert. Im Grunde handelt es sich um eine sehr einfache Vorrichtung: Ein senkrecht zum Federstab angeordneter Hebel, der am Rahmen befestigt ist, verdreht den Stab, der wiederum mit der Radaufhängung verbunden ist und so die Energie der Stöße aufnimmt. Peter Müller beschreibt das Prinzip in der ihm eigenen, herrlich plastischen Art: »Mit dem Drehstab verhält es sich so, als würde die Hausfrau in der Waschküche ein Leintuch auswringen …«
Der größte Vorteil der Drehstabfederung ist, dass sie vertikal eingebaut werden kann. Der Platz, der so gewonnen wird, kann dann etwa für einen Kofferraum genützt werden. Und im Vergleich zur damals üblichen Blattfederung sparte die einfache Konstruktion nicht nur Raum und jede Menge Geld, sondern vor allem auch Gewicht. Außerdem waren die Blattfedern viel zu träge, um in engen Kurven eine gute Straßenlage zu ermöglichen. Mittlerweile ist die Drehstabfederung an der Vorderachse zur Gänze durch Federbeine abgelöst worden, sie wird aber vor allem von französischen und italienischen Autobauern noch immer gern für die Hinterachse eingesetzt. Später sollte einmal ein Fachjournalist meinen, allein die Entwicklung der Drehstabfederung hätte genügt, um dem Namen Porsche in der Welt des Automobils ein Denkmal zu setzen.

Trotz dieser Lobeshymne gingen die Fahrzeuge, die im Hause Porsche für Wanderer, Zündapp und NSU entwickelt worden waren, wegen zu hoher Produktionskosten nicht in Serienfertigung, womit die Aufträge auch nicht lukrativ waren – mehr dazu im nächsten Kapitel. Die Zeit war für die Automobilindustrie eine schwere. Die Weltwirtschaftskrise, ausgelöst durch den Schwarzen Freitag am 25. Oktober 1929, führte zu einem allgemeinen Rückgang der Kaufkraft. Die Nachfrage nach dem Luxusprodukt Auto sank rapide, was dazu führte, dass viele Produzenten nicht überleben konnten. Der wichtige Porsche-Kunde Wanderer ging etwa mit Audi, Horch und DKW zusammen. Das neue, gemeinsame Unternehmen hieß Auto Union AG. Und für diese entwickelte das Porsche-Büro 1933 einen Rennboliden mit einem 16-Zylinder-Mittelmotor, der seinen Konstrukteuren nicht nur Geld einbrachte, sondern auch zu einem der bestimmenden Rennautos seiner Zeit wurde und darüber hinaus bereits die konstruktiven Prinzipien der modernen Formel-1-Boliden vorwegnahm.

## *Ein Angebot aus Moskau*

Trotz der Weltwirtschaftskrise war Ferdinand Porsche Anfang der Dreißigerjahre ein gefragter Mann. Seine Erfolge als Konstrukteur von Straßen- und Rennautos hatten sich bis nach Russland herumgesprochen und sogar das Ohr von Diktator Josef Stalin erreicht. Der ließ dem in Deutschland arbeitenden österreichisch-tschechischen Konstrukteur 1932 die Einladung zukommen, doch einmal in die Sowjetunion zu reisen. Heute klingt das ungewöhnlicher, als es damals war. Um 1930 wurde die Zusammenarbeit zwischen Deutschland und der Sowjetunion nämlich großgeschrieben. So holte die Großmacht im Osten etwa deutsche Elektrotechniker, die den Bau großer Kraftwerke überwachten. Auch zwischen der Reichswehr und der Roten Armee gab es einen regen Austausch: Russische Stabsoffiziere und deutsche Generäle ließen in Lehrsälen in überdimensionalen Sandkästen ihre Divisionen aufmarschieren – einstweilen noch mit- und nicht gegeneinander. Und russische Luftwaffen-Offiziere besuchten deutsche Flugzeugfabriken, obwohl der Vertrag von Versailles der Reichswehr nicht einmal eigene Flieger erlaubte.

Dennoch war Porsche so überrascht von der Einladung, dass er zuerst nicht wusste, ob er sie überhaupt ernst nehmen sollte. Als diese Zweifel ausgeräumt waren, leistete der Konstrukteur der Einladung Folge. Begleitet wurde er von seinem Sohn Ferry. Die beiden gingen davon aus, dass sie einige Lizenzen verkaufen könnten. Im Konstruktionsbüro vermutete man, die Sowjets hätten es auf die Entwürfe für Traktoren abgesehen. Die Porsches bereisten das riesige Reich, kamen bis hinter das Kaspische Meer und auf die Halbinsel Krim und besichtigten überall neue Fabriken, in denen Autos, aber auch Panzer hergestellt wurden. Dann ließen die Russen die Katze aus dem Sack: Ferdinand Porsche sollte in der Sowjetunion Generaldirektor für die Entwicklung einer Fahrzeugindustrie werden und als solcher neben Traktoren, schweren Maschinen, Flugzeugen und Panzern auch ein billiges Auto für die breite Masse, einen Volkswagen, entwickeln. Für dessen Produktion hätte Stalin sogar eine eigene Fabrik in Dnjepropetrowsk errichten lassen. Die Kommunisten träumten so wie die Nationalsozialisten von einer motorisierten Gesellschaft, die die Überlegenheit ihrer Gesellschaftsordnung über die als dekadent empfundenen kapitalistischen Demokratien und die faschistischen Regime demonstrieren sollte.

Porsche soll das Angebot durchaus mit Interesse geprüft haben, zumal es mit einem Blankoscheck gewürzt war. Das muss verlockend gewesen sein, war es doch um die wirtschaftliche Lage des Konstruktionsbüros in Stuttgart zu diesem Zeitpunkt nicht gerade rosig bestellt. Letztlich lehnte Porsche aber ab, vor allem weil mit dem Engagement eine lebenslange Verpflichtung bei einem gleichzeitigen Verbot von Auslandsreisen verbunden gewesen wäre. Er hätte zwar nach Herzenslust, ohne Zeitdruck und finanzielle Beschränkungen experimentieren und entwickeln können, wäre aber dafür in einem goldenen Käfig eingesperrt gewesen. Und die großen Säuberungsaktionen in der Sowjetunion hatten eindringlich gezeigt, wie rasch man vom Günstling zum »Konterrevolutionär« und damit Todeskandidaten werden konnte. Als Begründung für seine Absage führte Porsche taktvoll sein hohes Alter von 57 Jahren ins Treffen und die Tatsache, dass er kein Wort Russisch konnte und die Sprache wohl auch nicht mehr erlernen würde.

# 4. Die Schöpfung des Volkswagens

Während Vater und Sohn Porsche durch die Sowjetunion reisten, wurde in ihrem Konstruktionsbüro in Stuttgart seit einem Jahr mit Hochdruck an einem Auftrag von Zündapp gearbeitet: 1931 hatte der von wirtschaftlichen Schwierigkeiten gebeutelte Motorradhersteller beim Porsche-Konstruktionsbüro einen kompakten Wagen bestellt, der für die Brieftaschen der breiten Masse geeignet sein sollte. Mit diesem neuen Angebot hoffte man sich aus dem Umsatz-Tief wieder hocharbeiten zu können. Zündapp-Generaldirektor Geheimrat Fritz Neumeyer hatte bereits 1925 einige Kleinwagen aus England importiert und zerlegen lassen. Er ließ umfangreiche Studien über Material- und Fertigungskosten erstellen und kaufte in Moosach bei München eigene Fabrikhallen, um dort später eine Serienfertigung aufziehen zu können.

Die englischen Importe erwiesen sich aber als denkbar ungeeignete Basis für einen kleinen Zündapp-Wagen. Also wandte man sich an Porsche. Mit seinem Auftrag rannte der Zündapp-Vorstand offene Türen ein. Ferdinand Porsche ging nämlich mit der Idee für einen Kleinwagen bereits seit seiner Zeit bei Austro-Daimler und Daimler-Benz schwanger. Ihm war schon seit Langem klar, dass in Zukunft das Auto nicht mehr aus dem täglichen Leben wegzudenken sein würde. »Ferdinand Porsche wurde schon in jungen Jahren zum Apostel der Motorisierung«, meint sein Biograph Peter Müller dazu.

Um die Nachfrage anzukurbeln, musste nach Überzeugung des zweifachen Ehrendoktors der Technik ein kleines, billiges, aber gleichzeitig solides, vollwertiges und vor allem alltagstaugliches Auto her. Ein damals revolutionäres Konzept, für das die Automobil-Technik von Grund auf überarbeitet werden musste. Schließlich galt das Auto damals – so wie zu früheren Zeiten die Kutsche – als Luxus, der nur den wohlhabenden Schichten vorbehalten war. Unter dieser Prämisse wurden auch die Fahrzeuge konstruiert und gebaut. Durch eine bloße Verkleinerung der damals bekannten Limousinen ließ sich die Idee eines Autos für die breite Masse daher nicht realisieren. Für den Volkswagen musste Ferdinand Porsche zwar nicht das Rad neu erfinden, wohl aber das Automobil.

## *Der erste Anlauf*

Bereits im Jahr 1906, also am Beginn seiner Zeit bei Austro-Daimler, hatte Porsche den ersten Versuch unternommen, einen Volkswagen zu konstruieren. Nur hieß das Auto damals noch nicht so. Angeregt worden war er dazu auch von Emil Jellinek, einem österreichischen Geschäftsmann und Diplomaten, der von der neuen Technik fasziniert war und enge Kontakte zu Automobil-Pionieren wie Gottlieb Daimler und eben Ferdinand Porsche hielt. Nach Jellineks jüngster Tochter, seinem erklärten Liebling, wurde sogar ein Auto benannt, das später Namenspate für alle Produkte aus dem Hause Daimler wurde: Die junge Dame trug den klingenden Namen Mercedes. Porsche, der es seinem Stuttgarter Kollegen und Konkurrenten Daimler gleichtun wollte, taufte seinen ersten Volkswagen-Entwurf »Maja«, nach einer älteren Tochter Jellineks.

*EMIL JELLINEK*

*Emil Jellinek (1853–1918) stammte aus Mähren, war eine Zeit lang in Wien Beamter und widmete sich dann sehr erfolgreich dem Handel. Viel Geld verdiente er in Marokko und Algerien. Ab 1897 vertrieb er über sein Büro in Nizza Daimler-Automobile. Um den Verkauf anzukurbeln, nahm er auch an Rennen teil – etwa bei der Tourenfahrt Nizza–Maganogne–Nizza im März 1899, die er auch gewann. Angemeldet hatte sich Jellinek damals unter dem Pseudonym »Monseigneur Mercédès«, dem Vornamen seiner jüngsten Tochter, die damals gerade zehn Jahre alt war. Im April 1900 bestellte der automobilbegeisterte Geschäftsmann bei Daimler 36 Autos, was einem Drittel der Jahresproduktion entsprach. Und er forderte und förderte die Konstruktion eines neuen Wagens, den er »Mercedes« nannte.*

*Am 22. Dezember 1900 wurde der erste Daimler-Wagen des Typs Mercedes nach Nizza geliefert – quasi als Weihnachtsgeschenk für Jellinek und seine Tochter. Im darauffolgenden März erzielte der neue Wagen wiederum große Erfolge bei der Rennwoche in Nizza. Ein Jahr später, im März 1902, wurde »Mercedes« als Warenzeichen für die Autos aus dem Hause Daimler eingetragen. Mercedes Jellinek, die Namenspatin eines der erfolgreichsten Autokonzerne überhaupt, starb 1929 im Alter von nur 40 Jahren an Knochenkrebs.*

Der »Maja« sollte sich aber als Flop erweisen. Offenbar zu schnell konstruiert, war das Fahrzeug nicht ausgereift und erfüllte daher auch nicht die Eigenschaften, die an einen Volkswagen gestellt wurden: Es war weder zuverlässig noch billig. Die wenigen »Majas«, die gebaut wurden, verkauften sich schlecht und Jellinek verlor rasch das Interesse an dem wenig lukrativen Projekt.

## *Der zweite Anlauf*

25 Jahre später erhielt das Porsche-Konstruktionsbüro dann von Zündapp den Auftrag, ein günstiges Auto für die breite Masse zu entwickeln. Wenn hier nicht das Schicksal seine Finger im Spiel hatte! Seine Konstruktion für den Motorradhersteller nannte Porsche »Typ 12«. Das Modell war mit nichts zu vergleichen, was sonst noch mit vier Rädern ausgestattet auf dem Markt war. Es erinnerte aber mit seiner Form, seinen hohen Linien und riesigen Kotflügeln schon sehr an den späteren Käfer. Teilweise umgesetzt war auch das motorische Konzept, das sich später im Käfer wiederfinden sollte: Der Antrieb war im Heck eingebaut, wenngleich es sich nicht um den von Porsche favorisierten luftgekühlten Boxermotor handelte – Geheimrat Neumeyer hatte einen wassergekühlten Sternmotor verlangt. Außerdem verfügte der Typ 12 über eine kompakte Drehstabfederung, die ihn hervorragend lenkbar und gleichzeitig spurtreu machte. Beides waren Eigenschaften, die damals für billige Autos nicht gerade

typisch waren. Auch die Drehstabfederung fand sich später im Volkswagen wieder.
Vom Typ 12 wurden aber nur drei Prototypen hergestellt. Bereits diese reichten aus, um der Unternehmensleitung von Zündapp klarzumachen, dass die Serienproduktion sehr teuer werden würde. Das Unternehmen strich daher die finanziellen Mittel für das Autoprojekt. Wohl auch, weil seit der Machtergreifung der Nationalsozialisten die Armee wieder aufgerüstet wurde: Die Kradschützen-Kompanien der ersten motorisierten Verbände wurden mit Beiwagenmaschinen aus dem Hause Zündapp ausgerüstet, die Umsatzzahlen des Motorradbauers kletterten wieder nach oben.
Zurück zum Volkswagen: 1933/34 folgte dann der Typ 32, den Porsche und sein Team für NSU entwickelt hatten. Interessanterweise handelte es sich bei diesem Auftraggeber ebenfalls um eine Motorradfabrik. Den arrivierten Autoherstellern war das Konzept eines Kleinwagens für die breite Masse offenbar zu minder, als dass sie sich damit beschäftigen wollten. Mit einem luftgekühlten Boxermotor, der im Heck eingebaut war, wies der Typ 32 eine noch größere Ähnlichkeit mit dem späteren Käfer auf als der Typ 12. Aber auch die Konstruktion für NSU kam über das Entwicklungsstadium der Prototypen nicht hinaus. Auch dieses Mal war das Porsche-Konstruktionsbüro ein indirektes Opfer der Rüstungspolitik geworden: Während BMW und Zündapp Motorräder in großer Zahl für das Heer produzierten, konnte sich NSU den zivilen Markt größtenteils einverleiben. Man brauchte also vorerst keinen Kleinwagen als weiteren Umsatzbringer.
Porsche wollte jedoch das Konzept eines kompakten und billigen Wagens für die breite Masse nicht aufgeben. Ihm war aber auch bewusst, dass die Mittel seines kleinen Konstruktionsbüros bei Weitem nicht ausreichen würden, um den Volkswagen zur Serienreife zu bringen und die Produktion zu starten. So manch einer hätte nun das Konzept ad acta gelegt, aufgeben lag aber nicht in der Natur Porsches: »Der eher kleine, verschlossen wirkende Mann verfügte über unerschöpfliche Energie und

Durchschlagskraft; wenn er sich mit einem komplizierten, ja fast unlösbaren Problem befasste, dann gab er nicht auf. Mit einer Verbissenheit, die manchmal an Starrsinn grenzte, setzte er seine Ansichten durch und behielt Recht«, charakterisiert Peter Müller den Konstrukteur. Es war daher nur konsequent, dass sich Porsche an die neue Regierung wandte.

## *Der dritte Anlauf*

Es waren die bisherigen Konstruktionen, vor allem aber die europaweiten Erfolge der von Ferdinand Porsche entworfenen Rennwagen der Auto-Union, die dem späteren »Autoingenieur des Jahrhunderts« den Weg zu den neuen Machthabern ebneten. Die Nationalsozialisten strebten so wie die Kommunisten in der Sowjetunion eine breite Mobilisierung der Bevölkerung an und nahmen daher knapp 30 Jahre nach dem ersten Volkswagen-Versuch »Maja« die Porsche-Idee begeistert auf.

Ein Volkswagen passte schließlich perfekt in die Ideologie und Propaganda der Nazis, er war geradezu das zur Maschine gewordene Symbol für die NSDAP. Schließlich bezeichnete sich die Partei als »Bewegung«: Das drückte bereits aus, wie sehr man sich als Gegenpol zum politischen Stillstand der Weimarer Republik sah. Im Gegensatz zum Begriff »Stillstand« symbolisiert der Begriff »Bewegung« Modernität, Fortschritt und Mobilität – all das sollte im Volkswagen seine mechanische Vollendung finden. Auf der Berliner Automobilausstellung 1933 verkündete Hitler seine »Sieben Punkte zur Volksmotorisierung«. Darin verpackt fanden sich auch die Anforderungen an einen Volkswagen: Platz für fünf Personen, eine Geschwindigkeit von 100 Stundenkilometern, ein Spritverbrauch von maximal sieben Litern und ein Preis von maximal 1.000 Reichsmark. Mit der politischen Dimension des Projekts dürfte sich Ferdinand Porsche, wenn überhaupt, dann nur sehr kurz befasst haben. Politik interessierte ihn nicht, und damit befasste er sich auch nicht mit der Materie.

Das erste Treffen zwischen dem Diktator und dem späteren Käfer-Entwickler fand im Mai 1933 in Berlin statt. Hitler zeigte sich äußerst interessiert an dem Projekt und sagte dem Konstruktionsbüro eine monatliche staatliche Subvention zu. Porsche kam hier sicher zugute, dass Hitler auch persönlich ein Autonarr war. Glaubt man Porsche-Biograph Peter Müller, soll der zukünftige Führer spätestens bei seiner Entlassung aus der Festungshaft im Jahr 1924 vom PS-Virus infiziert worden sein. Damals hatte ihn ein Freund in einem neuen, schweren Wagen abgeholt. Das Gefühl, in so einem Fahrzeug sitzen zu können, soll den damals noch weitgehend unbekannten Agitator so beeindruckt haben, dass er prompt auf Parteikosten ein eigenes Auto kaufte. Bis zu seiner Machtergreifung ließ sich Hitler nur in schnellen, schweren und vor allem neuen Autos fahren. Die Betonung liegt auf »ließ«, denn einen Führerschein besaß der Führer zeit seines Lebens nicht.
Im Jänner 1934 überreichte Porsche dem Reichsverkehrsministerium ein Exposé über den Bau des Volkswagens. In diesem versprach er auch einen Gewinn für die gerade anlaufende Wiederaufrüstung: »Ein Volkswagen darf kein Fahrzeug für einen begrenzten Verwendungszweck sein. Er muss vielmehr durch einen Wechsel seiner Karosserie allen praktischen vorkommenden Zwecken genügen, also auch … für bestimmte militärische Zwecke geeignet sein.« Die schriftlichen Ausführungen Porsches dürften die Führung beeindruckt haben. Denn am 22. Juni 1934 erhielt das Porsche-Konstruktionsbüro vom Reichsverband der Automobilindustrie (RDA) den Auftrag, den Volkswagen zu entwickeln. Gearbeitet werden musste zügig. Eine Vertragsklausel besagte, dass der erste Prototyp innerhalb von zehn Monaten abzuliefern sei – Porsche selbst hatte in seinem Exposé von einem Jahr gesprochen. Und so ging der geniale Techniker, fast 30 Jahre klüger als beim »Maja« und dieses Mal unterstützt von einem kongenialen Team, mit dem gleichen Elan, aber mit mehr Sorgfalt ans Werk.

*Gegnerschaft aus der Automobilindustrie*

Für die Entwicklung erhielt die kleine Stuttgarter Autoschmiede anfangs eine monatliche Förderung des RDA von 20.000 Mark. Das klingt zwar nach viel, war aber in Wirklichkeit angesichts der Tragweite des Projekts ein lächerlich geringer Betrag. Der enge Zeitrahmen und die geringen Mittel zeigen, dass der Reichsverband gar nicht an der Erfüllung des Auftrags interessiert war. »Herr Porsche, wenn Sie das Geld verbraucht haben und sagen, die Aufgabe ist unlösbar, dann ist das genau das, was wir von Ihnen erwarten!«, erinnerte sich Ferry Porsche später an ein Gespräch zwischen seinem Vater und einem Industriellen zurück. Der Vertreter der Automobilbranche soll weiters gesagt haben: »Aber Herr Porsche, der Volkswagen ist doch der Omnibus, wozu braucht denn jeder Arbeiter sein eigenes Auto!«

Porsche, stur wie er nun einmal war, ging jedoch ernsthaft an die Arbeit, die sich mit der Zeit für sein Unternehmen auch wirtschaftlich lohnen sollte. Der Aufschwung des kleinen Konstruktionsbüros rief aber nicht nur alte und neue Freunde auf den Plan, sondern zwangsläufig auch alte und neue Widersacher: Der Reichsverband der Automobilindustrie übte heftige Kritik an den ersten Entwürfen aus dem Hause Porsche. Man kann sich leicht ausrechnen, dass bei diesen Angriffen die im RDA mächtige Daimler-Benz-Gesellschaft keine unwesentliche Rolle gespielt haben dürfte. Abgesehen von generellen Bedenken wegen Porsches Charakter und dessen Zerwürfnis mit Daimler-Benz hielt man es nicht für möglich, mit den damaligen Produktionsmethoden ein ausgereiftes und zuverlässiges Fahrzeug um maximal 1.000 Reichsmark zu produzieren.

Die Zweifel waren durchaus berechtigt, wie sich später herausstellen sollte, und sie resultierten auch aus bereits gemachten Erfahrungen: Wiederholt waren Fahrzeug-Konzepte unter dem Titel »Volkswagen« angeboten worden, die sich jedoch aufgrund der hohen Produktionskosten und der mangelnden rationellen

Fertigungsmethoden nicht zu einem volkstümlichen Preis produzieren ließen. Die bestehenden Autowerke waren auf kleine und teure Serien ausgelegt. Das Auto war in Deutschland eben noch immer ein Luxusgut. Für die breite Masse waren Motorrad und öffentliche Verkehrsmittel gedacht. Für ein Projekt wie den Volkswagen fehlten der Industrie die technischen und angesichts der Weltwirtschaftskrise auch die finanziellen Möglichkeiten.

An Porsche störte die Vertreter der deutschen Automobilhersteller zudem, dass er es geschafft hatte, sich staatliche Subventionen zu sichern, und das, obwohl er noch nicht einmal einen deutschen Pass besaß. Die Tragweite dieses Vorwurfs kann man nur im historischen Kontext verstehen: Zum einen strebten die Nationalsozialisten wirtschaftlich eine weitgehende Autarkie des Deutschen Reiches an, zum anderen stammte Porsche, obwohl er tschechischer Staatsbürger war, ursprünglich aus Österreich, das damals mit Deutschland verfeindet war. Zwar regierte auch in Wien seit 1933 ein faschistisches Regime, dieses war jedoch weniger völkisch als vielmehr katholisch ausgerichtet und versuchte durch deutliche Abgrenzung gegenüber der NSDAP – die Partei war hier seit einem Putschversuch im Jahr 1934 verboten – die staatliche Unabhängigkeit Österreichs zu erhalten. Das Deutsche Reich wiederum trachtete den deutschen Bruderstaat durch wirtschaftliche Sanktionen wie die 1.000-Mark-Sperre in die Knie zu zwingen: Deutsche Staatsbürger mussten vor jeder Reise nach Österreich eine Gebühr von 1.000 Reichsmark bezahlen, was den Tourismus der Alpenrepublik treffen sollte, der schon damals eine tragende Säule der Wirtschaft war.

Hitler stellte sich jedoch vor seinen Landsmann Porsche: Die gesamte Familie erhielt 1934 auf der Stelle die deutsche Staatsbürgerschaft. Das Schreiben dazu, eigentlich handelte es sich um einen Befehl, soll von Hitler persönlich gekommen sein. Porsche soll vom Wechsel der Staatsbürgerschaft nicht sonderlich begeistert gewesen sein, er fügte sich aber anstandslos. Außerdem hob der Diktator bei der Eröffnung des Berliner Autosalons 1935 de-

zidiert die Arbeit Porsches hervor: Wörtlich nannte er ihn einen »großen Konstrukteur«. Zudem gab Hitler noch einmal klar den Kurs in Richtung Volkswagen vor: »Es muss möglich sein, dem deutschen Volk einen Kraftwagen zu schenken, der im Preis nicht mehr kostet als früher ein mittleres Motorrad und dessen Brennstoffverbrauch mäßig ist.« Was der Führer in einer öffentlichen Rede für möglich hielt, das musste auch gemacht werden. So einfach war das.
Aber auch nach diesem Machtwort sollten die Kritiker aus dem RDA nicht verstummen, und es sollte sich nicht mehr nur um Neid und Missgunst handeln, wie Fabian Müller schreibt: »Die Forderungen des Konstruktionsbüros beginnen den RDA zu überfordern, man beklagt die hohen Tantiemen und Weihnachtsgratifikationen der Familienmitglieder Porsches. Am Ende wird der RDA bis 1938 in der Pflicht bleiben und die horrende Summe von 1,75 Millionen Reichsmark gezahlt haben. Sein Konstruktionsbüro hat Porsche damit saniert.«

### *Der erste Prototyp*

Während sich Hitler vor seinen erklärten Lieblings-Autobauer stellte, wurde im Konstruktionsbüro von Ferdinand Porsche noch immer mit Hochdruck am ersten Prototyp des Volkswagens gewerkt. Dem Technikerteam war es natürlich nicht gelungen, die Zehn-Monats-Frist einzuhalten. Die Arbeiten sollten sich als schwieriger erweisen als erwartet. Porsche-Biograph Peter Müller, der noch mit Männern sprechen konnte, die an der Entwicklung des Volkswagens beteiligt waren, beschreibt die schwere Geburt eindrucksvoll: »So entstand in der vollgepackten, stickigen Garage in der Villa auf dem Feuerbacher Weg der Typ



60 … Es war ein Kampf mit jedem Dekagramm Gewicht. Die Werkstoffe mussten nicht nur nach technischen, sondern auch nach finanziellen Grundsätzen gewählt werden, denn der Wagen käme sonst zu teuer, und er sollte auch keinesfalls mehr als 650

Kilogramm wiegen. Die alte Porsche-Faustformel wurde zum Evangelium: pro hundert Kilogramm Fahrzeuggewicht durfte nicht mehr als ein Liter Treibstoff aufgewendet werden. Und die Werkstoffe mussten nicht nur dauerhaft, sondern vor allem ohne großen Maschinenaufwand zu bearbeiten sein. ‚Einfach und billig!' – so lautete die Devise. Und das war für Porsche alles andere als einfach.« In diese schwierige Zeit fällt übrigens auch Ferry Porsches Hochzeit mit der Stuttgarterin Dorothea Reitz im Jahr 1935. Im selben Jahr kam Sohn Ferdinand Alexander zur Welt, der spätere Designer des Porsche 911. Mit seiner »Dodo« war Ferry bereits seit seinem 18. Lebensjahr liiert. Der Ehe sollten vier Söhne entstammen. Ferrys Gattin starb im Jahr 1985.

Zurück zum Volkswagen: Es sollte bis zum 12. Oktober 1936 dauern, also 28 Monate, bis der erste Prototyp die Garage der Porsche-Villa verlassen konnte. Und der war trotz aller Anstrengung, die in die Konstruktion geflossen war, noch immer viel zu teuer. Am Ende der Kalkulation stand die Summe von 1.550 Mark – der Betrag orientierte sich an einer Produktionsserie von 50.000 Stück. Damit lag man um mehr als ein Drittel über dem Preis, den Hitler gefordert und bereits lautstark verkündet hatte. Und das, obwohl der Wagen mehr als spärlich ausgestattet war. Was muss das für ein gigantischer Wasserfall auf die Mühlen der Porsche-Gegner gewesen sein! Ein Bericht des RDA hält dazu lapidar fest: »Es gelang zwar verhältnismäßig rasch, zu einem Ergebnis zu kommen, das in technischer Hinsicht befriedigte, jedoch erfüllte es nicht die hinsichtlich des Preises bestehenden Bedingungen.«

Das Testprogramm konnte aber anlaufen. Mit der Leitung der Erprobung wurde Ferry Porsche beauftragt. Er selbst war es auch, der im neuen Volkswagen als Erster 1.000 Kilometer zurücklegte. Dabei stand er unter strenger Aufsicht des RDA, der die Tests überwachte. Bis kurz vor Weihnachten 1936 waren die drei Prototypen praktisch Tag und Nacht unterwegs, schließlich galt es noch diverse Kinderkrankheiten zu beseitigen. Parallel zu den technischen Verbesserungen musste auch darüber nachgedacht werden, wie die Produktionskosten weiter gesenkt werden konnten. Während Ferry testete beziehungsweise testen ließ, arbeiteten Vater Porsche und sein Stab bereits an der verbesserten Version. Und es schaltete sich interessanterweise nun auch Daimler-Benz ein: Im Werk von Porsches ehemaligem Arbeitgeber sollte eine Vorserie von 30 Stück erzeugt werden. Die alte Feindschaft zwischen Porsche und dem Automobilunternehmen war also zugunsten des Volkswagens auf Eis gelegt worden.

Noch im Jahr 1936 unternahm Ferdinand Porsche eine Reise in die USA, wo er bei Henry Ford die Fabrikation von Fahrzeugen in großer Serie studierte. Und er knüpfte Kontakte zu deutschen Technikern, die aus dem wirtschaftlich gebeutelten Deutschland der Zwanziger- und frühen Dreißigerjahre ausgewandert waren. Elf von ihnen konnte Porsche für die geplante Serienproduktion des Volkswagens heim ins Reich holen. Sie sollten später den Kern des technischen Führungspersonals im Volkswagenwerk bilden. In den Vereinigten Staaten studierte der Volkswagen-Schöpfer aber nicht nur Fertigungsmethoden, sondern er erlebte auch deren Auswirkungen: Die USA lagen nämlich in punkto Mobilisierung Lichtjahre vor Europa im Allgemeinen und Deutschland im Speziellen. Jenseits des großen Teiches war das Auto für die breite Masse unter anderem durch die Entwicklung des Modells T von Ford, der legendären »Tin Lizzie«, schon Realität. 1936 fuhren in den USA mehr als 24 Millionen Autos, während es im Deutschen Reich, das damals noch wesentlich größer war als heute, wenig mehr als eine Million gab. Nur knapp zwei Prozent der Deutschen besaßen ein Auto, in den USA nannte aber schon jeder Vierte einen fahrbaren Untersatz sein Eigen.



## *Die Vorbereitung des Volkswagenwerks*

Die Studienreise war der erste Teil zur Vorbereitung der Serienproduktion des Volkswagens, die Testphase der zweite. Argwöhnisch überwachten die Vertreter des RDA den Verlauf der Probefahrten. Die Anforderungen wurden noch während der Tests verschärft – der Volkswagen sollte einfach scheitern. Am Ende konnte sich aber auch der RDA nicht vor der Tatsache verschließen, dass Porsche ein großer Wurf gelungen war. Im Abschlussbericht des Reichsverbands las sich das dann trocken und distanziert so: »Die Fahrleistungen und Fahreigenschaften sind gut. Das Fahrzeug hat Eigenschaften gezeigt, die eine Weiterentwicklung empfehlenswert erscheinen lassen.« Und diese Weiterentwicklung sollte natürlich nicht mehr im Porsche-Büro erfolgen, sondern in einem oder möglichst mehreren Mitgliedsbetrieben des RDA. In der Porsche-Biographie von Peter Müller erinnert sich Ferry Porsche gut 30 Jahre später an die Querschüsse der deutschen Automobilindustrie gegen den Volkswagen: »Geheimrat Alters [der Vertreter des RDA – Anm. d. Verf.] hatte nämlich eine neue Denkschrift ausgearbeitet, die Hitler auf den Tisch gelegt wurde. Es war darin offen ausgesprochen, dass man die Entwicklung skeptisch verfolgt habe und nunmehr der Ansicht ist, dass der Volkswagen nur noch durch hochdotierte Preisausschreiben für die Konstrukteure aller Automobilwerke gerettet werden könnte.«

Wenn sich Hitler jedoch einmal eine Idee in den Kopf gesetzt hatte, ließ er sich durch fast nichts mehr von deren Umsetzung abbringen. Für ihn war klar, dass der Volkswagen ein Projekt Porsches bleiben sollte. Daher wischte er die Bedenken und Einwände der Industrie vom Tisch. Ferry Porsche dazu: »Er ließ Vater zu sich kommen und erklärte ihm, dass er entschlossen sei, ein eigenes Werk zu bauen. Und man besprach nochmals den Preis des Volkswagens. Er, Hitler, war der Ansicht, dass der Wagen im Verkauf nur 990 Mark kosten dürfte. Es war klar, dass ein solcher Preis mit einer rein sachlichen Kalkulation nichts zu tun hatte. Und es war auch gleichgültig geworden, für oder gegen diesen Preis zu sein. Denn das Risiko schloss sich aus. Der Staat würde jedes Defizit decken, es war seine Sache … Damit konnte beim besten Willen die Industrie nichts mehr zu tun haben. Sie musste sich ja distanzieren.«

Weil die Industrie für eine Massenfertigung des Volkswagens unter diesen Vorzeichen also nicht mehr zu haben war, mussten die Partei-Organisationen herhalten, um eine Realisierung des Volkswagens zu ermöglichen. Das war auch im Sinne Porsches, der sich so endgültig von der ihm lästig gewordenen deutschen Autoindustrie emanzipieren wollte und schließlich auch konnte. Die Deutsche Arbeitsfront (DAF) wurde mit dem Bau eines Werks auf der grünen Wiese samt angeschlossener Siedlung für die Arbeiter und mit der späteren Serienfertigung beauftragt. 1937 gründete die DAF über zwei Tochtergesellschaften die »Gesellschaft zur Vorbereitung des Volkswagens«. Geld spielte für die mitgliederstärkste und finanzkräftigste Organisation der NSDAP kaum eine Rolle. Schließlich waren der DAF das beschlagnahmte Vermögen und die Grundstücke der verbotenen Gewerkschaften zugefallen. Ferdinand Porsche wurde zum Geschäftsführer für Technik und Planung der GEZUVOR bestellt, wie das Unternehmen in seiner schönen bürokratischen Abkürzung bezeichnet wurde. Die Bestellung war keine Überraschung, schließlich hatte sich Porsche bei Hitler persönlich um diese Funktion beworben, und die GEZUVOR saß in einer Baracke auf einem Grundstück in Stuttgart-Zuffenhausen, das »rein zufällig« der Dr. Ing. h. c. F. Porsche GmbH gehörte. Weiters im Vorstand waren Bodo Lafferentz als Vertreter der DAF und Jakob Werlin als kaufmännischer Leiter.

Werlin war zuvor Mitglied im Vorstand der Daimler AG gewesen und damit ein Weggefährte Porsches. Im Gegensatz zu anderen führenden Vertretern des Konzerns war Werlin Porsche aber stets wohlwollend gegenübergestanden. Und er war auch ein persönlicher Freund Adolf Hitlers: 1923 leitete er die Benz-Niederlassung in München, als die Redaktion des »Völkischen Beobachters« in dasselbe Gebäude einzog. Der Autonarr Hitler schaute nicht nur gern in der Redaktion seiner Parteizeitung vorbei, sondern auch im Autohaus. So entstand eine Freundschaft, die Werlin letztlich in die GEZUVOR führte. Seine Funktion war sicher auch die eines Aufpassers. Wir erinnern uns: Porsche brauchte immer einen Kaufmann an seiner Seite, der ihn auf den Boden der harten wirtschaftlichen Tatsachen zurückholte.

Bis Mitte des Jahres 1937 wurde die Vorserie des Volkswagens im Daimler-Werk produziert und zu weiteren Probefahrten ausgeliefert. Ein halbes Jahr lang sollten die Prototypen nun unter den härtesten Bedingungen auf Herz und Nieren geprüft werden. Um das Programm im gewünschten Ausmaß durchführen zu können, wurden sogar Fahrer der SS herangezogen. Auch Vater und Sohn Porsche setzten sich persönlich ans Steuer. Unter anderem starteten die beiden mit dem neuen Volkswagen beim Rennen um den Großen Bergpreis auf den Großglockner. Insgesamt legten die Prototypen mehr als 2,5 Millionen Kilometer zurück. 60 von der SS abgestellte Fahrer wurden am Ende der Versuchsfahrten von Porsche angestellt, später übernahm sie der Werkschutz des Volkswagenwerks. Dort kehrten sie als »SS-Sturm Volkswagenwerk« wieder in den Schoß von Hitlers schwarzer Garde zurück.

1937 reiste Porsche ein zweites Mal in die USA, um bei Henry Ford Fließbandtechniken zu studieren. Und er zog mit seinem Konstruktionsbüro nach Stuttgart-Zuffenhausen um, wo ihm anstelle eines engen Büros und der privaten Garage ein größerer Gebäudekomplex zur Verfügung stand. Auf dem Gelände saß ja auch schon die GEZUVOR. Zudem änderte er aufgrund der guten Ertragslage 1937 die Rechtsform seines Unternehmens in eine Kommanditgesellschaft, was steuerliche Vorteile brachte. Teilhaber waren nun sein Sohn Ferry mit 15 Prozent, sein Schwiegersohn Anton Piëch mit zehn Prozent und seine Tochter Louise Piëch mit fünf Prozent. In der neuen Betriebsstätte, eigentlich handelte es sich schon um eine kleine Fabrik, entstand eine zweite Vorserie von 30 Stück. In diese waren wiederum die Erfahrungen aus den jüngsten Tests eingeflossen.



Und man hatte auch eine Lösung für das Preisproblem gefunden. Die nationalsozialistische Freizeit-Organisation »Kraft durch

Freude« (KdF), eine Unterorganisation der DAF, sollte den Vertrieb übernehmen. Dadurch sollten Provisionen für Groß- und Einzelhändler eingespart werden. Das sollte den Preis auf 1.200 Reichsmark drücken, die Differenz auf die angekündigten 990 Reichsmark sollte als Subvention vom Staat kommen. Damit wurde der Volkswagen offiziell zum »KdF-Wagen«. Porsche soll diese neue Bezeichnung, die angeblich Hitler selbst eingefallen war, schlicht und ergreifend für einen Unsinn gehalten haben; für ihn blieb das Auto immer der Typ 60 oder der Volkswagen.

### *Die Grundsteinlegung zur neuen Autostadt*

Am 26. Mai 1938 feierte die Deutsche Arbeitsfront die Grundsteinlegung für das Volkswagenwerk und die neue Autostadt, die vorerst für 90.000 Einwohner geplant war. Der offizielle Baubeginn war eine Haupt- und Staatsaktion: Die gesamte Spitze des Dritten Reiches war angereist, 50.000 Besucher säumten den Weg zur Baustelle. Ferdinand Porsche wurde die zweifelhafte Ehre zuteil, gemeinsam mit Adolf Hitler in einer Cabriolet-Version des Volkswagens auffahren zu dürfen. Am Steuer des Autos saß Sohn Ferry. Natürlich wurde das Auto ausgiebig fotografiert. Der gut aussehende Ferry, der plötzlich als Hitlers Chauffeur galt, erhielt zahlreiche Briefe, heute würde man Fan-Post sagen, darunter auch einige Heiratsanträge.

Der Grundsteinlegung war unter anderem eine groß angelegte Propaganda-Kampagne vorangegangen. Die Deutschen waren aufgerufen worden, ihren finanziellen Beitrag für den Bau des neuen Werks zu leisten: Der spätere Kaufpreis von 990 Reichsmark sollte in wöchentlichen Raten von je fünf Mark angespart werden. Der Slogan lautete: »Fünf Mark die Woche musst du sparen, willst du im eig'nen Wagen fahren.« Die Einlage wurde durch Einkleben einer Sparmarke in eine Sparkarte quittiert. Das Geld floss direkt in den Aufbau des Werks. Fast 340.000 solcher Sparverträge sollten bis zum Kriegsbeginn abgeschlossen werden. Die Sparer wurden jedoch allesamt geprellt, weil sie nie einen Volkswagen erhielten. 1956 kam es daher zu einem Musterprozess gegen die Volkswagen AG. Die zog sich zuerst auf den Standpunkt zurück, sie habe das Geld gar nicht erhalten, die insgesamt 280 Millionen Mark seien auf Konten der DAF gelandet. Letztlich verglich sich der Konzern aber mit den geprellten Sparern und zahlte einen Teil der Summe als Abfindung.

Der Standort der neu gegründeten »Stadt des KdF-Wagens« war gut gewählt. Er lag auf dem Areal der Gemeinde Fallersleben, in der Nähe eines Gutes mit Namen Wolfsburg. Die neue Stadt würde in der geographischen Mitte des damaligen Reiches liegen und durch die Autobahn von Berlin nach Hannover sowie durch die Eisenbahnstrecke von Berlin in das Ruhrgebiet und durch den Mittellandkanal optimal erschlossen sein. Zudem stand in dem landwirtschaftlich geprägten Gebiet die notwendige Anzahl an billigen Arbeitskräften zur Verfügung.

Dennoch hatte es im Vorfeld heftige Konflikte gegeben. Graf von der Schulenburg, der (gegen entsprechendes Entgelt) den größten Teil des Grundes zur Verfügung stellen musste, legte sich quer und aktivierte seine Kontakte, die bis in die Regierung in Berlin reichten. So fühlte sich auf einmal der Reichsminister für Raumplanung von der DAF übergangen, weil diese den Platz in Alleinregie ausgesucht hatte. Auch das Reichsverkehrsministerium meldete seine Bedenken an: Die doppelgleisige Eisenbahn von Berlin nach Köln sei ohnehin stark ausgelastet. Sogar die Luftwaffe schaltete sich ein: Der Platz sei strategisch ungünstig gewählt, die Eisenbahnlinie und der Mittellandkanal würden feindliche Bomber direkt zum Werk führen.

Ins Treffen geführt wurden sogar Argumente, die man heute unter dem Begriff Naturschutz zusammenfassen würde: Im Gebiet gebe es zahlreiche 80- bis 100-jährige Eichen, die gefällt werden müssten. Außerdem würden die dort zahlreich vorkommenden Mücken ein Arbeiten auf Dauer unmöglich machen. Wie auch immer: Die Entscheidung war gefällt und der Bau begann. Die

»Stadt des KdF-Wagens« sollte dann im Mai 1945 auf Weisung der britischen Militärregierung den Namen des benachbarten Gutes erhalten: Wolfsburg.
Ferdinand Porsche wurde Hauptgeschäftsführer und Mitglied des Aufsichtsrats der neu gegründeten Volkswagenwerk GmbH. In diesen Funktionen widmete er sich voll und ganz dem Aufbau der damals modernsten Automobilfabrik Europas. Er sollte sich nicht nur als glänzender Konstrukteur, sondern auch als hervorragender Fertigungstechniker erweisen. Die Produktionsanlagen waren von ihrer Anordnung her perfekt auf das Produkt abgestimmt. Dieses war wieder so konstruiert, dass es einfach zu fertigen war. Die Fließbänder orientierten sich klar an den Beispielen von Ford in Detroit, wo Porsche ja zweimal zu Studienzwecken gewesen war.
Zur Schulung der späteren Volkswagen-Arbeiter entstand in Braunschweig eine Ausbildungsstätte. Neben der praktischen Berufsausbildung sei auch besonderer Wert auf die richtige politische Gesinnung gelegt worden, schreibt Fabian Müller: »Die Werkschulerziehung beinhaltete die Fächer ‚Erbbiologie', ‚Rassenkunde', ‚Rasse und Volk' sowie eine spezielle Unterrichtseinheit zur Identitätsbildung der Lehrlinge mit dem Werk. Titel: ‚Unsere neue Heimat – das VW-Werk. Geschichte des Volkswagens: Idee des Führers und Lebenswerk Prof. Dr. Porsches.'« Die neue Autofabrik in Niedersachsen wollte Hitler, zu dem Ferdinand Porsche ja auch persönlichen Kontakt pflegte, ursprünglich sogar »Porsche-Werk« nennen. Solche Ehren waren aber dann doch den nationalsozialistischen Bonzen vorbehalten. Heute erinnert in Wolfsburg eine Porschestraße an den Konstrukteur des Käfers. Ironischerweise handelt es sich bei dieser um die autofreie Einkaufsstraße.
Während sich sein Vater um das Volkswagenwerk kümmerte, nahm Sohn Ferry das Ruder im familieneigenen Konstruktionsbüro in die Hand. Die Porsche-Denkschmiede war quasi die ausgelagerte Entwicklungsabteilung der Volkswagenwerk GmbH. Anton Piëch war ab 1941 als Finanzvorstand und Werksleiter die rechte Hand Porsches im Volkswagenwerk. Zuvor hatte Piëch,

der bereits im Ersten Weltkrieg Offizier gewesen war, als Pilot auf der legendären JU 52 gedient.

## *Die Produktion läuft an – allerdings für den Krieg*

1938 erhielt der Typ 60 seine endgültige Gestalt und Serienreife. Im Frühjahr 1939, also nur ein Jahr nach der Grundsteinlegung, wurde die offizielle Eröffnung des Volkswagenwerks verkündet. Die Produktion konnte jedoch nur in sehr bescheidenem Ausmaß anlaufen. Im Endausbau war das Werk aber für eine Jahreskapazität von 1,5 Millionen Autos ausgelegt. Diese Zahl war völlig utopisch und taugte bestenfalls zur Propaganda. Das weist der Historiker Hans Mommsen in seiner Geschichte des Volkswagenwerks im Dritten Reich eindrucksvoll nach: Dem Dritten Reich wären nicht einmal genügend Rohstoffe zur Verfügung gestanden, um die Fabrik auslasten zu können. Mit solch banalen Fragen hatte man sich aber erst gar nicht beschäftigt, schließlich ging es um Größeres.

Bis zum Ausbruch des Zweiten Weltkriegs wurden nur etwas mehr als 600 KdF-Wagen ausgeliefert. Die ersten Fahrzeuge waren nicht für die Sparer, sondern für die Spitzen des Staates und der Partei und deren Günstlinge gedacht. Einen KdF-Wagen zu fahren, galt plötzlich als chic. Sogar Hitlers Geliebte Eva Braun legte sich eine Cabrio-Version zu. Bevor die Produktion in großem Maße beginnen konnte, brach der Krieg aus. Die Wehrmacht hatte schon zuvor den Wert des Volkswagens erkannt. Den offiziellen Quellen zufolge entsprach das so gar nicht den Vorstellungen Porsches, obwohl er in seinem Exposé über die Vorteile des Volkswagens für das Militär referiert hatte. Wie auch immer: Bedingt durch die Kriegsereignisse wurde auf Basis des Typs 60 der VW-Kübelwagen konstruiert und im Volkswagenwerk gebaut. Erst 1946 sollte dann wieder der erste zivile Volkswagen aus dem Werk rollen, und zwar unter britischer Ägide.

Neben dem Kübelwagen wurden in Fallersleben auch Geländefahrzeuge und Schwimmwagen erzeugt, aber auch Güter, deren Konstruktion keine Arbeit Porsches war, wie Teile für den zweimotorigen Bomber JU 88 und später für den ersten Düsenjäger Me 262 und die V1, darüber hinaus Minen, Elemente für Panzer und Front-Öfen für frierende Soldaten. Auf den Reißbrettern der Porsche-Konstruktionen KG entstanden anstelle von Rennwagen und Personenautos nun Panzer. Für diese Tätigkeit ist Ferdinand oft kritisiert worden. Er habe es sich mit den Nationalsozialisten allzu gut gerichtet und sei Teil der deutschen Rüstungsmaschinerie geworden. Diesen Vorwurf kann man aber fast allen bedeutenden Industriellenfamilien und Unternehmern der damaligen Zeit machen.

Zudem entwickelte Porsche gemeinsam mit seinem Aerodynamik-Spezialisten Mickl während der Kriegsjahre im direkten Auftrag der Deutschen Arbeitsfront auch den Prototyp für ein kleines Windkraftwerk. Die Leidenschaft für Elektrizität glühte noch immer im Herzen des genialen Konstrukteurs. Das Rad hatte einen Durchmesser von 18 Metern und wurde auf einem Hügel in der Nähe von Stuttgart aufgestellt. Dort erzeugte die Anlage genügend Energie, um einen Bauernhof mittlerer Größe mit Strom und Warmwasser zu versorgen. Und genau dafür war sie auch gedacht: Die DAF wollte Gehöfte in den wirtschaftlich und energiemäßig noch unerschlossenen Gebieten versorgen. Porsches Prototyp war einige Monate lang in Betrieb, musste aber 1944 wegen der ständigen Bombenangriffe demontiert werden.

Noch im Herbst 1946 wurde unter Ferry Porsche an einer Verbesserung der Anlage gearbeitet: Ein Verbindungsmann aus Argentinien hatte durchblicken lassen, die Windräder bei Bewässerungsprojekten einsetzen zu wollen. Weil nach dem Krieg aber die Wirtschaft zur Gänze auf fossile Brennstoffe ausgerichtet wurde, verschwand die Konstruktion in der Schublade, aus der sie zumindest von einem Porsche nie wieder hervorgeholt werden sollte.

# 5. Ferdinand Porsche und das Dritte Reich

Ferdinand Porsche war im Dritten Reich ein gefragter Mann. Adolf Hitler hatte ihm sogar die zweifelhafte Ehre zuteil werden lassen, der fähigste Konstrukteur des Führers zu sein. Darüber hinaus machte Porsche mit der Entwicklung des Volkswagens und diversen Rüstungsprojekten gutes Geld. Wie war nun tatsächlich sein Verhältnis zu den Nationalsozialisten? Eines vorab: Wie auch immer man zu diesem Thema steht, es muss im Kontext der Zeit betrachtet werden. Kaum ein Unternehmer hat sich jene Umsätze entgehen lassen, die sich in den Jahren vor und während des Zweiten Weltkriegs durch Rüstungsaufträge erwirtschaften ließen. Und als Rüstung im weitesten Sinne konnte damals fast jede wirtschaftliche Tätigkeit eingestuft werden.

Auch war es schwierig, sich dem Ruf nach Mitarbeit in der Rüstungsmaschinerie zu entziehen, ohne politisch in Ungnade zu fallen, was zur damaligen Zeit auch ein persönliches Risiko bedeutete. Als Beispiel dafür mag der Munitions- und Batteriefabrikant Günther Quandt gelten. Er war immerhin der erste Ehemann von Magda Goebbels und damit leiblicher Vater des Stiefsohns des Propagandaministers. Das hinderte das Regime aber nicht daran, Quandt aufgrund nie wirklich bekannt gewordener Vorwürfe für einige Zeit hinter Gitter zu stecken.

Fest steht, dass sich Ferdinand Porsche und Anton Piëch als Hauptgeschäftsführer und Werksleiter der Volkswagenwerk GmbH mit einer der wichtigsten nationalsozialistischen Organisationen, der DAF, zumindest gut arrangiert haben (müssen). Zu hinterfragen ist auch das Verhalten von Porsche und Piëch gegenüber ihrem Partner und Geschäftsführer Adolf Rosenberger. Zwar behaupteten Vater und Sohn Porsche später, ihren persönlichen Freund aus dem KZ befreit zu haben, Rosenberger selbst hat das jedoch bestritten. Und die Abtretung seines 15-

Prozent-Anteils an Baron Hans von Veyder-Malberg im Jahr 1933 könnte man als Arisierung interpretieren, auch wenn dies Ferry Porsche im Nachhinein völlig anders sieht: »So schlimm diese Vorgänge auch damals für Rosenberger waren, unter den gegebenen Umständen haben wir uns stets ihm gegenüber fair und korrekt verhalten. Auch für uns war diese Situation damals alles andere als einfach.« Ferdinand Piëch merkte im Gespräch mit dem Verfasser an, dass es in seiner Familie nie antisemitische Tendenzen gegeben habe. So sei etwa die Klavierlehrerin seiner beiden älteren Geschwister Jüdin gewesen. Der Unterricht habe so lange regelmäßig stattgefunden, bis die Familie 1943 auf das Schüttgut in Zell am See geflohen sei.

Dennoch: Ferdinand Porsche war ab 1937 Mitglied der NSDAP, auch wenn sein Enkel Wolfgang Porsche betont, das sei nur pro forma gewesen: »Der Großvater wurde zum Mitglied der NSDAP gemacht, weil er als Technik-Entwickler einen großen Namen hatte. Er war ein unpolitischer Mensch. Aber er war in der Kartei vermerkt.« Ferry Porsche legte stets Wert darauf, nie Parteigenosse gewesen zu sein. Er wurde aber von Himmler persönlich zum Untersturmführer (Leutnant) der SS ehrenhalber ernannt, nachdem er im Führerhauptquartier den neuen Schwimmwagen von Volkswagen vorgeführt hatte. Ferry betont jedoch in seinen Erinnerungen, die Beförderung ehrenhalber sei keine Mitgliedschaft in der SS gewesen. Schließlich könne man auch Ehrenbürger einer Stadt sein, ohne dort zu leben. Wie es mit Ferrys Schwager Anton Piëch war, hat der Verfasser nicht mehr eruieren können. Das Thema dürfte auch in der Familie nie angesprochen worden sein. Hans Michel Piëch, der Sprecher seines Zweiges, antwortete auf die Frage, ob sein Vater Mitglied der NSDAP war: »Ich glaube nicht. Wir hätten es sonst irgendwann einmal erfahren.«

*Mit seinem Elektromobil, dem sogenannten Lohner-Porsche, gewann Ferdinand Porsche im Jahr 1900 das Bergrennen auf den Semmering in neuer Rekordzeit. Bild: Porsche AG.*

*Mit seinem benzinelektrischen »Mixte«-Wagen gewann Ferdinand Porsche 1902 das damals bedeutende Exelberg-Rennen. Bild: Porsche Holding.*

*Die Geschwister Louise und Ferry hatten schon in ihrer Kindheit eine enge Beziehung zueinander, was auch Zeit ihres Lebens so blieb. Bild: Porsche AG.*

*Für seinen damals elfjährigen Sohn Ferry hatte Ferdinand Porsche einen kleinen Zweisitzer gebaut. Bild: Porsche AG.*

*In der Welt der Louise Piëch drehte sich auch in frühester Kindheit alles nur um das Automobil. Bild: Porsche Holding.*

*Während seiner kurzen Zeit bei den Steyr-Werken hat Ferdinand Porsche den Steyr 30 entwickelt. Dieses gut erhaltene Exemplar ist im Porsche-Fahrzeugmuseum in Gmünd zu bewundern. Bild: Fürweger.*

*Das Ehepaar Louise und Anton Piëch: Ferdinand Porsches Schwiegersohn kam während des Zweiten Weltkrieges in die Geschäftsführung des Volkswagenwerkes. Bild: Porsche Holding.*

*Ein Silberpfeil der Auto-Union, aufgenommen im Jahr 1934 in Brünn. Die Konstruktionen Ferdinand Porsches begründeten den Ruhm der Marke Mercedes auf den Rennstrecken. Bild: Porsche Holding.*

*Für die Auto-Union hat Ferdinand Porsche einen Rennwagen entworfen, der zu einem der bestimmenden Boliden seiner Zeit wurde. Das Bild stammt aus dem Jahr 1936. Bild: Porsche AG.*

*Die wohl bekannteste Aufnahme von Ferdinand Porsche. Der große Konstrukteur wirkt müde und gezeichnet. Das Bild ist in den Dreißigerjahren entstanden und zeigt, wie sehr Porsche durch die Arbeit am Volkswagen mitgenommen war. Bild: Porsche AG*

*Vater und Sohn Porsche am Reißbrett. In der Öffentlichkeit hatte stets der Senior das Sagen. Nur in kleinem Rahmen konnte Ferry seinem Vater widersprechen. Bild: Porsche AG.*

*Vom dieser Sonderanfertigung des Volkswagens wurde während des Zweiten Weltkrieges nur eine Handvoll erzeugt. Erwin Rommel fuhr einen solchen »Kommandowagen« in Afrika. Bild: Fürweger.*

*1943 wurde das Porsche-Konstruktionsbüro aus Sicherheitsgründen von Stuttgart nach Gmünd in Kärnten verlegt. Hier wurde es getarnt auf dem Areal eines Sägewerks betrieben. Bild: Porsche Holding.*

*In diesem kargen Büro residierten Vater und Sohn Porsche in Gmü Hier entstand nach dem Krieg de Sportwagen, der den Namen Por trug: der Typ 356. Bild: Fürweg*

*Ferry Porsche ließ seine Prototype 356ers noch ohne Karosserie teste Im Stadtzentrum von Gmünd ri dieses Exemplar einige Aufregun hervor. Bild: Porsche-Fahrzeugmuseum.*

*Ein viel geehrter Mann*

So wie bereits im österreichischen Kaiserreich wurde Ferdinand Porsche auch vom nationalsozialistischen Regime mit Ehrungen überhäuft. Gewürdigt wurde die Entwicklung des Volkswagens, aber auch das Engagement für die Rüstung. 1938 erhielt Porsche den Deutschen Nationalpreis für Kunst und Wissenschaft: Die Auszeichnung, die Hitler im Jahr davor persönlich gestiftet hatte, musste er sich allerdings mit den Flugzeug-Konstrukteuren Ernst Heinkel und Willy Messerschmitt und mit Fritz Todt teilen, dem Generalinspektor für das deutsche Straßenwesen und späteren Reichsminister für Bewaffnung und Munition.

1939 wurde Porsche dann zum Wehrwirtschaftsführer ernannt, ein Jahr später zum Honorarprofessor an der Technischen Hochschule Stuttgart. Am 1. Mai 1942 wurde er als »Pionier der Arbeit« geehrt und erhielt damit die höchste wirtschaftliche Auszeichnung, die das Dritte Reich zu vergeben hatte. Bereits zuvor, im Jänner 1942, war Porsche zum Oberführer der Allgemeinen SS befördert worden. Der Dienstgrad Oberführer hatte in der Wehrmacht zwar keine Entsprechung, er lag aber zwischen dem Oberst-Grad und dem untersten Generalsrang. Porsche war also hoher Offizier der Allgemeinen SS und damit einer Organisation, die im Zuge der Nürnberger Prozesse als verbrecherisch eingestuft wurde. 1944 erhielt Porsche zudem den Totenkopfring, eine der höchsten Auszeichnungen von Hitlers schwarzer Garde. Für Porsche spricht allerdings, dass er sich dieser »Beförderung« und »Auszeichnung« kaum hätte entziehen können. Außerdem schien er nicht gerade stolz auf seinen SS-Dienstgrad zu sein: Bei offiziellen Anlässen trat er stets in Zivil auf.

Die Ehrungen durch die SS erfolgten ausschließlich, weil der »Autoingenieur des Jahrhunderts« stark in der Kriegsindustrie engagiert war. In den Jahren von 1940 bis 1943 war er Vorsitzender der Panzerkommission. In dieser Funktion entwarf er etwa den schweren Panzer »Elefant«, der im Nibelungenwerk im nederösterreichischen St. Valentin gebaut wurde, wenn auch nur in geringer Stückzahl. Später wurde Porsche in den »Rüstungsrat des Reiches« berufen. Im Juni 1943 rühmte Rüstungsminister Albert Speer im Berliner Sportpalast Porsches Verdienste um den totalen Krieg. Als erklärter Lieblingsingenieur Hitlers wirkte er auch an der Entwicklung des schweren Kampfpanzers »Tiger« mit. Und er baute zwei Prototypen der »Maus«, eines Superpanzers, dessen Konstruktion direkt auf Hitlers Anweisung zurückging. Porsche zeigte hier aber weniger Genie als bei seinen Auto-Entwürfen: Der Panzer war zu schwer, zu kompliziert und zu störanfällig. Die »Maus« – die Bezeichnung sollte wohl ironisch sein – wog 180 Tonnen und damit viermal so viel wie moderne Kampfpanzer und fuhr auf Ketten, die einen Meter breit waren. Porsches Engagement in der Panzerkommission endete übrigens mit Dissonanzen zwischen ihm und Hitler: Der weitgehend unpolitische, nur an der Technik interessierte Konstrukteur hatte dem Führer und dessen Stab vorgeschlagen, man solle doch auf die Entwicklung deutscher Panzer verzichten und stattdessen den russischen T-34 nachbauen. Dieser sei nämlich allen deutschen Tanks überlegen.

## *Herr über ein Heer von Zwangsarbeitern*

Kritiker werfen Porsche vor, er sei stets bereit gewesen, alle Mittel in Anspruch zu nehmen, die ihm das NS-Regime bot. Wiederholt soll er auch seine persönlichen Kontakte zu Hitler und Himmler aktiviert haben, wenn er Unterstützung brauchte. Die Volkswagenwerk GmbH spielte in der deutschen Rüstungsmaschinerie eine bedeutende Rolle. Diese war erst möglich geworden, nachdem Ferdinand Porsche bei Kriegsbeginn die zivile Autofabrik in eine Rüstungsschmiede umgewandelt hatte, in der nicht nur der Kübelwagen, sondern etwa auch die »Vergeltungswaffe 1« (V1) erzeugt wurde. Die V1 war keine militärische Waffe im engeren Sinne, sondern vor allem für den Angriff auf englische Städte, also auf zivile Ziele, konstruiert worden.

Für den weiteren Ausbau des Werks im Krieg soll Porsche persönlich beim »Reichsführer SS«, Heinrich Himmler, vorstellig geworden sein, um den Einsatz von Kriegsgefangenen und Insassen der Konzentrationslager als Zwangsarbeiter zu erwirken. 1942 wurde deshalb in Nähe des Volkwagenwerks das »KZ Arbeitsdorf« angelegt. Etwa 20.000 Menschen mussten im Volkswagenwerk Zwangsarbeit leisten. 1943 übernahm das Volkswagenwerk auf Initiative des Hauptgeschäftsführers Porsche zudem die unternehmerische Verantwortung bei Peugeot in Frankreich. Auch dort wurden Menschen zur Arbeit gepresst. Allerdings ging es hier nicht um die Produktion von Rüstungsgütern: Die Familie Peugeot hatte Angst, ihre Fabrik könnte durch Bombenangriffe zerstört werden, daher ersuchte man Ferdinand Porsche und Anton Piëch, doch auf die Erzeugung von Waffen zu verzichten. Als Dank für die Erfüllung dieser Bitte überreichte man später Golf-Zubehör aus England und Fallschirmjäger-Fahrräder aus dem Hause Peugeot.
Als wichtiger Rüstungsbetrieb arbeitete das Volkswagenwerk bis zum bitteren Ende. Der Historiker Hans Mommsen schreibt dazu: »Während in den ausgelagerten Zweigbetrieben der Volkswagenwerk GmbH wegen ausbleibender Zulieferungen, fehlender Rohstoffe und Werkzeuge, aber auch wegen des Mangels an elektrischer Energie die Produktion schrittweise zum Erliegen kam, wurde die Montage von Kübelwagen auf den Bandstraßen in Fallersleben bis zum letzten Moment fortgesetzt und erst wenige Stunden vor dem Panzeralarm vom 10. April 1945 [die 9. US-Armee eroberte an diesem Tag das Werk – Anm. d. Verf.] eingestellt. Desgleichen war die Nebenproduktion von Tellerminen und Panzerfäusten weitergeführt worden, bis die SS die dafür eingesetzten ungarischen Jüdinnen gleichsam über Nacht nach Salzwedel abtransportieren ließ, wo sie alsbald von den heranrückenden amerikanischen Truppen befreit wurden.«

*Die Geister, die er rief …*

Sind also Ferdinand Porsche und Anton Piëch zumindest indirekt für Verbrechen an Kriegsgefangenen und KZ-Häftlingen verantwortlich? Was haben die beiden in ihren Funktionen als Volkswagenwerk-Chefs mitbekommen? Haben sie weggesehen, wenn ihnen etwas unangenehm wurde? Porsche-Enkel Ferdinand Piëch zieht sich in seiner »Auto.Biographie« auf den Historiker Hans Mommsen zurück: »Wie weit sich Porsche über den verbrecherischen Charakter des Regimes, dem er diente und dem er entscheidende Förderung verdankte, im Klaren gewesen ist, muss offen bleiben.«

Sergej Orlow, russischer Experte für Automobilgeschichte, sieht es weniger akademisch. Für ihn ist Porsche der »Gustaf Gründgens der Automobil- und Motorenbauer«. Was für den genialen Mephisto-Darsteller die Bühne gewesen sei, habe für den leidenschaftlichen Ingenieur Porsche dessen Konstruktionsbüro dargestellt: »Solche blauäugigen Zeitgenossen, die den Fokus nur auf ihre ‚Bestimmung' gerichtet haben und die Welt nicht so sehen wollen, vielleicht auch nicht so sehen können, wie sie ist, dazu noch eine ausgewiesene Reputation haben, sind gern gesehene (und hofierte) Marionetten in den Machtspielen von Diktatoren.« Sehr deutliche Kritik an Porsche übt auch der ehemalige Bremer Bürgermeister Hans Koschnick in seinem Vorwort zu Mommsens Geschichte des Volkswagenwerks im Dritten Reich: »So sehr er [Ferdinand Porsche – Anm. d. Verf.] persönlich sich als apolitisch verstand und eine formelle Bindung an die NSDAP vermied, so war er doch durch seinen direkten Zugang zu Hitler und durch seine Zusammenarbeit mit der DAF (Deutsche Arbeitsfront), der SS und dem Rüstungsministerium unlösbar in die verbrecherische Politik des Regimes eingebunden und verstrickt.«



Zu Porsches Verteidigung könnte man mit Goethe meinen, der geniale Konstrukteur sei die Geister nicht mehr losgeworden, die

er gerufen hatte. Die Nationalsozialisten hatten ihm den Traum von der Schaffung eines Volkswagens ermöglicht, damit stand er in ihrer Schuld und konnte sich dieser wohl kaum entziehen. Glaubt man dem Porsche-Biographen Peter Müller, hatte der Professor wenig Freude mit seiner Rolle als Rädchen im großen Werk der Rüstungsmaschinerie: »Die Vernunftehe, die Porsche mit dem Heereswaffenamt eingehen musste, entwickelte sich keineswegs zur erstrebten harmonischen Arbeitsverbindung. Besonders in den letzten Jahren des Dritten Reiches artete das Arbeitsverhältnis zwischen Porsche und den Schreibtischstrategen des Rüstungsministeriums in einen zermürbenden Kleinkrieg aus. Eine Tatsache, die den alten Mann seelisch schwer belastete und in zunehmendem Maße auch verbitterte.« Das würde auch erklären, warum sich Porsche bereits Ende 1944 auf das Schüttgut zurückzog, um das Ende des Krieges abzuwarten.
Und man kann Porsche auch zugute halten, dass er sich offenbar für die Kriegsgefangenen und Zwangsarbeiter eingesetzt hat, die im Volkswagenwerk arbeiten mussten – zumindest, wenn man seinem Biographen Peter Müller glaubt. Laut diesem habe Porsche erregte Auseinandersetzungen mit dem Leiter der Kriegsgefangenen-Abteilung geführt und dafür gesorgt, dass die gefangenen russischen Soldaten bessere Verpflegung bekamen: »Er besorgte vier große Kessel, ließ eine zweite Küche einrichten und fuhr wutentbrannt in das Führerhauptquartier, wo er sich in erregten Worten über die mangelnde Verpflegung der Gefangenen beschwerte: ‚Wenn diese Menschen für uns arbeiten, dann muss man sie auch anständig verköstigen!', erklärte er Hitler.« Jüngste Forschungen bestätigen, dass sich Ferdinand Porsche tatsächlich für ausreichende Verpflegung aller Mitarbeiter eingesetzt hat, also auch der Kriegsgefangenen und KZ-Häftlinge. Urlaubende Frontsoldaten sollen sich sogar wiederholt verwundert darüber geäußert haben, dass die VW-Arbeiter besser verpflegt wurden als sie selbst.



Fabian Müller behauptet in seinem Buch über die Familie Porsche das genaue Gegenteil seines Namenskollegen. Er nennt Porsche einen »Herr[n] der Geschundenen und der Halbtoten«: »Er vereinnahmt ‚arisierte' Betriebe und lässt tausende Menschen mit Gewalt heranschaffen, die mit den Ratten wohnen und im Volkswagenwerk Bomben bauen. Porsche handelt nicht, weil er von jemandem beauftragt ist, oder weil er einer Ideologie folgt. Er tut es auch nicht aus Patriotismus oder Pflichterfüllung. Er selbst ist der Mittelpunkt aller strategischen Überlegungen und fordert: Geld, Material, Arbeiter. Um zu bekommen, was er will, vereinnahmt er die Nazis, nicht umgekehrt … Offenbar hat der von sich und seinem Produkt überzeugte Techniker in der verkommenen Gesellschaft der Nazidiktatur alle Hemmungen verloren.« Andererseits weiß der Gründer des Porsche-Fahrzeugmuseums in Gmünd, Helmut Pfeifhofer, von ehemaligen holländischen Zwangsarbeitern zu berichten, die sich positiv über ihre Zeit bei Porsche äußerten. Sie seien gut behandelt und anständig verpflegt worden. Allerdings waren diese nicht im VW-Werk, sondern im Konstruktionsbüro in Kärnten eingesetzt gewesen.

Natürlich ist es einfach, am Beginn des dritten Jahrtausends an einem warmen Schreibtisch sitzend die Menschen inmitten des Zweiten Weltkriegs zu beurteilen oder vielmehr zu verurteilen. Der Verfasser will es sich hier nicht leicht machen. Ferdinand Porsche war sicher kein menschenfressendes Technikmonster, aber auch kein Humanist, der unter Einsatz seiner Karriere oder gar seines Lebens in Zeiten des Krieges selbstlos geholfen hat. Die Wahrheit liegt bei Porsche und bei Anton Piëch wie so oft im Leben in der Mitte: Die beiden haben im Dritten Reich eine Rolle gespielt, gehörten allerdings nicht zu den politisch Verblendeten. Deswegen wurden sie auch nach dem Krieg von den Alliierten nicht wegen Verbrechen an Zwangsarbeitern oder wegen ihres Engagements in der Rüstungsindustrie verurteilt.



Dennoch scheint zumindest Ferry Porsche auf die Zeit zwischen 1933 und 1945 nicht gerade stolz gewesen zu sein. Denn er hat einmal über seinen Vater gesagt: »Während er in technischen Belangen ein äußerst praktischer Mann war, ein Realist, jederzeit in der Lage, ein Problem sofort zu verstehen und oftmals auch umgehend zu lösen, war er politisch naiv wie ein Kind.« Wenn Porsche junior in der Lage war, seinen Vater so zu beurteilen, stellt sich die Frage, warum er ihm nicht rechtzeitig die Augen geöffnet hat? Oder stammt diese Erkenntnis aus der Zeit nach dem Krieg? Wohl kaum, denn in seinen Erinnerungen schreibt Ferry Porsche, ihm sei schon 1939 klar gewesen, dass der Zweite Weltkrieg nicht gut ausgehen konnte. Offenbar hatte der Sohn keine Möglichkeit, Einfluss auf seinen bisweilen starrköpfigen und wohl auch herrischen Vater auszuüben. Wie auch immer: Den Vorwurf der Blauäugigkeit gegenüber den Nationalsozialisten und des Mitläufertums müssen sich Porsche und Piëch gefallen lassen. Alles andere haben sie zu ihren Lebzeiten mit ihren Gewissen ausmachen müssen.

## 6. »Wenn alles in Scherben fällt …« – Die Porsches und der Zusammenbruch des Dritten Reiches

Als mit fortwährender Dauer des Krieges die Bombardements der Alliierten immer verheerender wurden, verlegte die Familie Porsche-Piëch wesentliche Teile ihres Konstruktionsbüros, darunter praktisch den gesamten Maschinenpark, nach Gmünd in Kärnten. Ferdinand Porsche hatte sich lange gegen eine Evakuierung seines Werks in Stuttgart-Zuffenhausen gewehrt. Im November 1943 kam aber dann von Rüstungsminister Albert Speer persönlich der schriftliche Befehl zu einer weitgehenden Räumung des Standorts in Schwaben. Speer schlug als Standort das »Protektorat Böhmen und Mähren« vor. Auch Wiener Neustadt und Steyr standen zur Auswahl. Die Porsches gingen aber lieber nach Gmünd, weil sie in der Nähe des Schüttgutes bleiben wollten, wo sie ihre Familien untergebracht hatten. Außerdem besaßen sie in Dellach am Wörthersee seit 1939 ein Anwesen, auf dem sie gern die Sommerferien verbrachten. Die Gegend rund um Gmünd kannte Ferdinand Porsche wie seine Westentasche: Schon in seiner Zeit bei Austro-Daimler hatte er am Katschberg, dem damals steilsten Pass Europas, seine Autos getestet.

In Gmünd wurde das Porsche-Konstruktionsbüro im Kärntner Werk des Berliner Holz-Industriellen Willi Meinecke untergebracht, das der Staat abgelöst hatte. Zur Tarnung blieb das große Sägewerk offiziell bestehen. Im Ort wusste aber natürlich jeder, was dort nun passierte. Schließlich ließ Porsche für seine 300 Mitarbeiter und seine eigene Familie eine kleine Werksiedlung anlegen, die heute noch teilweise erhalten ist. In Stuttgart verblieb nur die Zentrale, die Ferry Porsche als De-facto-Geschäftsführer weiter betrieb. Von den Produktionsbaracken ist in Gmünd nur mehr eine übrig geblieben. Sie wurde 1998 vom damals noch bestehenden örtlichen 356er-Club aus Anlass des 50-Jahre-Ju-

biläums des Typs restauriert. Der Rest des weitläufigen Areals wird heute von diversen Unternehmen genutzt.
Gmünd befand sich damals weitab aller zentralen Verkehrswege des Deutschen Reiches. Heute liegt die kleine Stadt am Eingang des Malta-Tals mit ihren etwas mehr als 2.600 Einwohnern direkt an der Tauernautobahn und damit an einer der wichtigsten Nord-Süd-Verbindungen des europäischen Festlands. Millionen Urlauber und Fernfahrer donnern jährlich an dem großen Schild vorbei, das auf das Porsche-Museum unweit der Autobahn-Abfahrt Gmünd hinweist und damit auch indirekt auf die Tatsache, dass hier einmal einer der bekanntesten Konstrukteure der Automobilgeschichte gearbeitet hat. Das sehenswerte Museum wurde 1982 vom Antiquitätenhändler Helmut Pfeifhofer gegründet und steht in keinerlei Verbindung zur Porsche AG oder zur Porsche Holding. Pfeifhofer verbinden aber persönliche Erinnerungen mit der Gmünder Zeit des Porsche-Büros. Schließlich ging er mit mehreren Söhnen von Porsche-Mitarbeitern zur Schule, darunter auch mit Walter Rabe, dem jüngsten Filius von Chefingenieur Karl Rabe. Pfeifhofer ist nicht nur 356er-Fan, sondern zudem ein wandelndes Porsche-Lexikon. Sein Automuseum wird auch immer wieder von Mitgliedern der PS-Dynastie besucht. Im Sommer 2006 fand hier das traditionelle Familientreffen der Porsches und Piëchs statt.

## *Flucht in den Pinzgau*

Sein Konstruktionsbüro war zwar nach Kärnten übersiedelt, Ferdinand Porsche blieb aber zumindest offiziell weiterhin im Volkswagenwerk tätig, in dem bis zur Eroberung durch die US-Armee am 10. April 1945 produziert wurde. Im späteren Wolfsburg pflegte sich der Professor aber bereits zu besseren Zeiten nur ein bis zwei Tage pro Woche aufzuhalten. Ab Jänner 1945 kam er dann gar nicht mehr in den Norden Deutschlands. Er hatte sich auf das Schüttgut in Zell am See zurückgezogen und wartete auf den sich abzeichnenden Zusammenbruch. »Er war seelisch in einer argen Verfassung«, schreibt dazu sein Biograph Peter Müller.

Die Stellung in Fallersleben hielt vorerst Schwiegersohn Anton Piëch, der nicht nur Werksleiter war, sondern auch die rund 1.000 Mann des lokalen Volkssturms befehligte. Piëch setzte sich aber wenige Tage vor der Eroberung des Werks durch die Amerikaner mit seinem Finanzreferenten und einer Sekretärin ebenfalls in Richtung Schüttgut ab. Daher war es auch kein Wunder, dass der Volkssturm nicht ausrückte, um die Rüstungsschmiede gegen die Amerikaner zu verteidigen. Mit im Gepäck soll Piëch auf seiner Flucht auch zehn Millionen Reichsmark in bar aus der Volkswagenkasse gehabt haben. Von Zell am See aus, inmitten der von den Nationalsozialisten zur Alpenfestung ausgerufenen idyllischen Salzburger Bergwelt, sollte er die Fabrik weiter leiten.

Der Plan erscheint heute angesichts der militärischen Lage geradezu wahnwitzig, wahrscheinlich stellte er sich auch im Frühling 1945 so dar. Glaubt man Ferdinand Piëch und seiner »Auto.Biographie«, soll sich sein Vater samt Bargeld auf direkten Befehl seiner vorgesetzten DAF-Dienststelle in Berlin abgesetzt haben. Das Geld habe er nach dem Krieg selbstverständlich zurückgegeben. Da Anton Piëch ein hochintelligenter Mensch war, darf man aber davon ausgehen, dass ihm der Befehl nur recht war. Schließlich konnte er so die Flucht in den relativ sicheren Pinzgau rechtfertigen.

Unmittelbar nach dem Zusammenbruch gab es Bestrebungen der Porsches, mit ihrem Unternehmen in Österreich zu bleiben. Das Handelsministerium im besetzten Wien hatte Mitte 1945 jedoch wenig Interesse daran, sich mit einem führenden Vertreter der



deutschen Rüstungsindustrie zu beschäftigen, auch wenn dieser Ferdinand Porsche hieß und Alt-Österreicher war. Dennoch träumte Porsche senior davon, in Österreich noch einmal neu anzufangen. Konkret wollte er eine Traktorenproduktion aufziehen, schließlich hatte er fertige Entwürfe für Ackerschlepper in der Schublade. Der damalige Kärntner Landeshauptmann versuchte sogar ein Areal in der Nähe von Villach zur Verfügung zu stellen. Letztlich blieb es aber bei der Absicht. Der Porsche-Traktor wurde später in Lizenz in Deutschland erzeugt. Kurzfristig war auch angedacht, den Volkswagen in einem neu zu errichtenden Werk in der Obersteiermark zu erzeugen. Aber auch dieser Plan wurde im Trubel der folgenden Ereignisse verworfen.

### *Der Volkswagen – not very british*

Zwei Monate nachdem die US-Armee das Volkswagenwerk eingenommen hatte, ging die Zuständigkeit für die Anlagen an die britische Militärregierung über, die mittlerweile das Kommando über diesen Teil Deutschlands übernommen hatte. Die Briten wussten nicht so recht, was sie mit dem Volkswagen und der dafür gebauten Fabrik anfangen sollten. Zur Diskussion standen etwa die völlige Demontage des Werks und die Verteilung der Anlagen auf andere Produktionsstätten. Der Gedanke hatte einiges für sich: Schließlich waren die Fertigungsstraßen durch schwere Bombardements ohnehin schon zu 60 Prozent zerstört. Die Realisierung dieses Plans hätte das vollständige Aus für den Volkswagen bedeutet. Geprüft wurde aber auch, was für eine Aufnahme der Produktion des späteren Käfers sprach. Dabei wurden als Varianten der bisherige Standort, der nun Wolfsburg hieß, erwogen, aber auch die Übersiedelung der noch bestehenden Maschinen in eine andere Stadt, eventuell sogar in ein anderes Land.
Unter anderem zeigten sich das britische Unternehmen Humber und US-Markführer Ford am VW-Werk interessiert, allerdings nur kurz. Dafür gab es mehrere Gründe: Zum einen waren die Anlagen und Gebäude nach dem Geschmack der beiden Unternehmen zu stark in Mitleidenschaft gezogen worden. Zum anderen lag ihnen der Standort zu nahe an der sowjetischen Zone.

Damals schien es durchaus möglich, dass die Russen es schaffen könnten, ihren Einfluss weiter nach Westen auszudehnen. Der Kalte Krieg begann ja bereits wenige Wochen nach dem Zweiten Weltkrieg. Der Hauptgrund, warum sich sämtliche Interessenten plötzlich zurückzogen, war aber ein Untersuchungsbericht einer britischen Kommission, die zu einem vernichtenden Urteil kam: Der Volkswagen wurde als eine Konstruktion beurteilt, die keinesfalls nachahmenswürdig sei und den Anforderungen an einen Kleinwagen nicht genüge. Nichtsdestotrotz produzierten die Briten bis Ende 1945 in Wolfsburg mehr als 900 zivile Versionen des Volkwagens für ihre Armee. Die Aufnahme dieser Fertigung bildete die Basis für die später groß angelegte Serienfertigung des Käfers.

Selten ist ein technisches Gutachten durch die Geschichte so widerlegt worden wie das britische zum Volkswagen. Der Käfer wurde bis in das Jahr 2003 produziert, insgesamt wurden mehr als 21 Millionen Stück verkauft. Jenes Auto, das die Engländer nicht haben wollten, sollte die Volkswagen AG zu einem der weltweit führenden Autokonzerne machen und es sollte zu einem *der* Symbole des Wirtschaftswunders schlechthin werden.

## *In alliierter Haft*

Während die Briten das Kommando über das Volkswagenwerk übernahmen und in der Folge eine britische Kommission eines der größten Fehlurteile der Wirtschaftsgeschichte fällte, hielten sich die Familien Porsche und Piëch auf dem Schüttgut in Zell am See auf. Die Sicherheit im Salzburger Pinzgau sollte sich jedoch als trügerisch erweisen. Ferdinand Porsche gehörte nämlich zu jenen deutschen Technikern, an denen die Alliierten besonders interessiert waren – weniger aufgrund seiner möglichen Verwicklung in deutsche Kriegsverbrechen als vielmehr aufgrund seiner besonderen Fähigkeiten. Im Sommer 1945 »bemühten« sich zuerst die Amerikaner um ihn. Der Generalmanager von

General Motors, Torre Frenssen, der damals als Major in der US-Armee diente, wurde unmittelbar nach dem Zusammenbruch nach Kärnten entsandt, um die Konstruktionszeichnungen Porsches sicherzustellen.

Der Amerikaner war für Porsche kein Unbekannter. Die beiden hatten einander im Zuge der beiden Reisen Porsches in die USA kennen und schätzen gelernt. Dennoch wurden der alte Konstrukteur und sein Sohn im Juli festgenommen. Drei Monate musste Porsche in einem britischen Internierungslager in Hessen verbringen, letztlich wurde er auf dem Schüttgut de facto unter Hausarrest gestellt. Prominentester Mithäftling in Hessen war Albert Speer. Dieser soll wiederholt versucht haben, die Amerikaner davon zu überzeugen, dass Porsche mit der NSDAP nichts zu tun hatte. Inwieweit sich die Amerikaner an den Entwürfen bedienten, die Frenssen sichergestellt hatte, wurde wiederholt diskutiert, aber letztlich nie geklärt. Sohn Ferry wurde für einige Tage im Anhaltelager Glasenbach bei Salzburg interniert. Dort wurden nach Kriegsende zahlreiche Nationalsozialisten festgehalten, die erst nach und nach im Zuge der Entnazifizierung wieder freigelassen wurden.

Kurz nach seiner Entlassung aus der amerikanischen »Gastfreundschaft« erhielt Porsche erneut alliierten Besuch in Gmünd, nun von den Franzosen. Diese luden den großen alten Mann höflich ein, nach Baden-Baden, in das Hauptquartier der französischen Armee zu kommen. Dort sollte über einen interessanten Entwicklungsauftrag verhandelt werden. Obwohl Freunde warnten, machte sich zuerst Ferry Porsche auf den Weg – er fungierte quasi als Kundschafter. Ihm erklärten die Franzosen, ohne den Professor werde es keine Verhandlungen geben. Mit dieser Information kehrte Ferry nach Zell am See zurück.

Noch einmal wurde beratschlagt, dann reiste Porsche senior nach Deutschland. Begleitet wurde er von Sohn Ferry, Schwiegersohn Anton Piëch und seinem Neffen Herbert Kaes, der als Techniker und Testfahrer für das Porsche-Büro tätig war und häufig als persönlicher Chauffeur Porsches fungierte. In Baden-Baden zeigten sich die Franzosen äußerst zuvorkommend und gastfreundlich, die Gäste wurden sogar in einer vornehmen Villa einquartiert. Man teilte der Delegation mit, dass man selbst einen Volkswagen bauen wolle. Dazu sollten als Reparationsleistung Teile des Volkswagenwerks von Fallersleben in eine neue staatliche Autofabrik gebracht werden. Porsche sollte diese Übersiedelung und den Anlauf der Produktion überwachen. Ein Vertrag wurde vorgelegt, man erwartete eine sofortige Unterschrift. Allerdings kehrte die Porsche-Delegation noch einmal nach Zell am See zurück, um zu beratschlagen.

Nach einigen Diskussionen fuhren Ferdinand Porsche und seine Begleiter wieder nach Baden-Baden, wo sie erneut freundlich aufgenommen und in einer Villa untergebracht wurden. Als weniger angenehm sollte sich der folgende Besuch erweisen: Es handelte sich um eine Abordnung der französischen Geheimpolizei, die während des Abendessens hereinplatzte. Für drei Mitglieder des aus Österreich angereisten Quartetts endete der Ausflug am 15. Dezember 1945 im Gefängnis von Baden-Baden. Herbert Kaes entging der französischen Geheimpolizei, weil er zum Zeitpunkt der Verhaftung im Kino gewesen war. Er kam bei entfernten Verwandten unter und konnte die karge Gefängniskost der Inhaftierten durch Essenslieferungen aufbessern.

Im Grunde war die Porsche-Delegation Opfer eines innenpolitischen französischen Streits geworden. Der damalige kommunistische Industrieminister in Paris wollte auf Basis des Volkswagenwerks in Frankreich eine staatliche Autoproduktion aufziehen. Namhafte Vertreter der Industrie waren verständlicherweise entschieden gegen diese Pläne und aktivierten ihre Beziehungen zum bürgerlichen Teil der damaligen Regierung. Die Verhaftung der Porsche-Delegation war auf Betreiben des bürgerlichen französischen Justizministers erfolgt. Offiziell warf man Ferdinand Porsche und Anton Piëch vor, während der Besetzung Frankreichs die Deportation französischer Arbeiter nach Fallersleben veranlasst zu haben. Dort hätten die Zwangsarbeiter dann unter schwierigsten Bedingungen den Kübelwagen produzieren müssen. Außerdem hätten Porsche und Piëch die Direktoren des Unternehmens Peugeot zuerst in Konzentrationslager einliefern und dann Maschinen und Werkzeug aus der Peugeot-Fabrik in das KdF-Werk überstellen lassen. Vor allem dürfte es den Gegnern des kommunistischen Industrieministers aber darum gegangen sein, Porsche und seinen Stab auszuschalten. Dadurch sollte der Bau eines Volkswagenwerks in Frankreich verhindert werden.

Die Haftbedingungen waren hart, »denn die Verpflegung, die Unterbringung und die medizinische Versorgung waren mehr als nur dürftig«, weiß die Stadtchronik von Baden-Baden zu berichten. Besonders machte das Gefängnis Vater Porsche zu schaffen: Der Zustand des mittlerweile 70-Jährigen verschlechterte sich zusehends, nach mehreren Wochen musste er ins städtische Krankenhaus überstellt werden. Bereits während seiner Gefangenschaft soll er einen ersten Schlaganfall erlitten haben. Im März 1946 wurde Ferry Porsche entlassen. Der Professor und Anton Piëch blieben vorerst in Baden-Baden inhaftiert, im Mai wurden die beiden dann nach Paris gebracht.

Dort musste Porsche senior französischen Ingenieuren bei der Entwicklung ihres Volkswagens helfen, des Renault 4 CV mit Heckantrieb. Noch heute wird spekuliert, wie groß der Beitrag des genialen Konstrukteurs am Renault 4 CV war. Im Porsche-Konstruktionsbüro in Gmünd gab es derweilen wiederholte Hausdurchsuchungen. Offiziell, um Beweismaterial zu den erhobenen Vorwürfen zu sammeln. Tatsächlich dürften aber nun die Franzosen versucht haben, sich die noch vorhandenen Konstruktionspläne unter den Nagel zu reißen. Im August 1947, also 22 Monate nach der Verhaftung, wurden Ferdinand Porsche und sein Schwiegersohn gegen Bezahlung einer Kaution in Höhe von einer Million Francs freigelassen. Bis heute haben übrigens die Porsches und Piëchs keinen Zugang zu den Akten der französischen Behörden aus dieser Zeit.

Die letzten Wochen seiner Haft hatten der Konstrukteur und sein Schwiegersohn unter Hausarrest in einem Hotel in Kitzbühel verbracht – nur 70 Kilometer vom heimatlichen Schüttgut entfernt. Der völlig abgemagerte, körperlich gebrochene und mittlerweile knapp 72 Jahre alte Porsche konnte dort zwar besucht werden, durfte aber nicht nach Hause. Er wurde seiner Familie quasi vorgeführt. Schließlich galt es die genaue Höhe der Kaution auszuhandeln.

## *Der Cisitalia-Rennwagen*

Nachdem die Männer der Familien Porsche und Piëch in Baden-Baden festgenommen worden waren, lag zum Jahreswechsel 1945/46 das Geschick des Auto-Clans plötzlich in den Händen von Louise Piëch. Mit ihrer unheimlich starken Persönlichkeit hielt sie in dieser schwierigen Zeit die Familie zusammen. Das ist nicht nur wirtschaftlich, sondern auch wörtlich zu verstehen. Unmittelbar nach Kriegsende waren auf dem Schüttgut elf Kinder namens Porsche, Piëch und Reitz (die Familie von Ferrys Frau) untergebracht.

Neben seinem Nachwuchs hatte der PS-Clan bereits vor Kriegsende auch einen Teil seines Vermögens nach Österreich transferiert. Die Fäden hatte hier Louise Piëch gezogen, die aus ihrer Abneigung gegenüber den Nationalsozialisten innerhalb der Familie nie ein Hehl gemacht hatte. Bereits ab 1942 habe seine Mutter laut gesagt, dass der Krieg verloren sei, erinnert sich Ferdinand Piëch. Dennoch bestand nach dem Zusammenbruch des Dritten Reiches die Gefahr, dass die gesamten Produktionsmittel des Porsche-Konstruktionsbüros als Teil des Eigentums der NSDAP oder einer ihrer Teilorganisationen beschlagnahmt werden könnten. Außerdem tat man sich als deutsches Unternehmen auf österreichischem Boden schwer. Daher gründeten die Geschwister nach Ferrys Rückkehr eine österreichische Porsche Konstruktionen GmbH, die am 1. April 1947 mit den Geschäftsführern

Louise Piëch und Ferry Porsche (man beachte die Reihenfolge) ins Handelsregister eingetragen wurde. Der Beginn der Porsche Holding, des späteren größten Privatunternehmens Österreichs, war gemacht. Treibende Kraft war abermals Louise Piëch, die stets die stärkere der Geschwister war. Jahre später sagte sie einmal, als ihr Vater und Ehemann in Haft gewesen seien, »haben *ich und mein Bruder* die Zügel in der Hand behalten«. In diese neue Gesellschaft wurde praktisch das gesamte greifbare Vermögen eingebracht, sodass das bestehende Konstruktionsbüro mit Sitz in Stuttgart nur mehr eine großteils leere Hülle bildete, deren Verlust durch Beschlagnahmung im Fall des Falles verschmerzbar gewesen wäre. Der Fortbestand des Porsche-Unternehmens war damit dauerhaft abgesichert.

Die ersten eineinhalb Jahre nach dem Krieg waren für das Unternehmen eine äußerst harte Zeit. Die Ingenieure »kämpften in Gmünd um die nackte Existenz«, schreibt Peter Müller: »Der Professor war in Frankreich in Haft, in den beiden baufälligen Baracken führte Oberingenieur Rabe das Kommando. Mit den absonderlichsten Dingen hielt man sich über Wasser. Gegen Naturalien wurden Pflüge repariert, Dreschmaschinen ausgebessert und kleine Aggregate überholt. Technische Kapazitäten, die noch vor einigen Jahren schwere Panzer und Zugmaschinen entwickelten, für den schnellsten Rennwagen der Welt komplizierte Berechnungsketten für aerodynamische Probleme durchführten, befassten sich nun mit dem Bau von Schubkarren.«

Ordentliches zu tun gab es dann wieder ab November 1946: Der Generaldirektor der Cisitalia-Werke in Turin, Commendatore Piero Dusio, der in den Dreißigerjahren selbst als Rennfahrer aktiv gewesen war, bestellte bei Ferry Porsche gleich ein Bündel an neuen Konstruktionen: einen kleinen Traktor, eine Wasserturbine, einen Grand-Prix-Wagen und einen Sportwagen. Realisiert wurde aus diesem Auftrag nur der Rennbolide mit Vierradantrieb. Dieser »Cisitalia« wurde 1949 auf dem Turiner Autosalon präsentiert und war eines der innovativsten Autos seiner

Zeit: Ein Zwölfzylinder-Doppelkompressor-Boxer-Mittelmotor mit eineinhalb Litern Hubraum leistete 385 PS und ermöglichte eine Höchstgeschwindigkeit von 300 Stundenkilometern, und das alles bei einem Gewicht von nur knapp über 700 Kilogramm. Der Wagen verfügte über einen Heckantrieb, ein Allrad war zuschaltbar.

Dieses Prachtstück bestritt aber nie ein Rennen, weil sich Dusio finanziell übernahm. Der Auftraggeber hatte jedoch im Voraus bezahlt. Aus dem Erlös des Auftrags konnten die Geschwister die Kaution für den in Frankreich internierten Vater und Ehemann respektive Schwager aufbringen und den beiden damit im August 1947 die Rückkehr ermöglichen. Der Cisitalia-Porsche wurde dann 1950 nach Argentinien verkauft. Erst Ende Jänner 1953 kam er zum ersten Mal auf einer Rennstrecke zum Einsatz, allerdings nur in Form einer Testfahrt. Wegen einiger Kinderkrankheiten erwies sich der Bolide nämlich als nicht renntauglich. Er wurde in Buenos Aires eingemottet. Ein Mitarbeiter eines Porsche-Rennteams fand ihn später zufällig. Er überzeugte Ferry Porsche davon, dass der Cisitalia unbedingt nach Zuffenhausen gebracht werden müsse. Diktator Juan Perón genehmigte nach längerem Hin und Her die Ausfuhr. Als Gegenleistung verlangte er eine Cabrio-Version des 356er für seine zweite Frau Isabel. Seit damals ist der Cisitalia-Porsche im Museum der Porsche AG in Stuttgart zu bewundern.

# 7. Der Genius der Motoren

Ferdinand Porsche gilt zu Recht als technisches Genie, als *der* Automobilkonstrukteur des 20. Jahrhunderts. »Wohl kaum ein anderer hat unserem technischen Zeitalter so klar den Stempel seiner Persönlichkeit aufgeprägt wie dieser einfache Spenglersohn aus Böhmen. Er war ein echter Pionier der Motorisierung, er hat schon in den Babytagen des Automobils der Entwicklung den notwendigen Drall gegeben, und er stand immer in vorderster Linie, wenn es galt, etwas grundsätzlich Neues durchzusetzen«, fasst Peter Müller Porsches Lebenswerk in seiner Biographie zusammen.

## *Der Teamspieler*

Aber auch wenn Porsche über ein außergewöhnliches technisches Talent verfügte und einen unglaublichen Fleiß an den Tag legte, ohne fremde Hilfe hätte er seine Konstruktionen nicht auf den Markt bringen können. Ferdinand Porsche war ein Mann der Tat, ein Tüftler. Seine Erfolge beruhten auf Inspiration, aber auch auf viel harter Arbeit. Und er war vor allem das, was man heute einen Teamspieler nennt. »Das Geheimnis seines Erfolges ist in seiner genialen Managementbegabung zu sehen. Er fand für sein Unternehmen die besten Ingenieure, die hoch dotierte Stellungen kündigten und mit ihm den Schritt in eine ungewisse Zukunft wagten«, schreibt Iris Steineck, die Enkelin des langjährigen Porsche-Chefdesigners Erwin Komenda. Noch deutlicher wird Ferdinand Piëch in seiner »Auto.Biographie«: »[Porsche] war nie eine Ein-Mann-Schau.«

Als Ferdinand Porsche 1931 den Schritt in die Selbstständigkeit wagte, waren zwölf Techniker an seiner Seite. Diese stammten allesamt aus Österreich und sollten in den folgenden Jahren zuerst mit Ferdinand Porsche und später auch mit dessen Sohn Ferry Technikgeschichte schreiben. An vorderster Stelle zu nennen ist hier der aus Pottendorf in Niederösterreich stammenden Karl Rabe. Er war als Oberingenieur und später als Prokurist zuerst die rechte Hand des Professors, später stand er auch Ferry Porsche zur Seite. Rabe war bis zu seiner Pensionierung im Jahr 1965 – damals war er bereits 70 Jahre alt – für die Porsches tätig. Auch im Ruhestand blieb er bis zu seinem Tod im Jahr 1968 als Berater von Ferry Porsche dem Unternehmen und der Familie verbunden. Sein älterer Sohn Heinz wurde später Personalchef der Porsche AG.

Rabe und Porsche kannten einander schon vor der Gründung des Konstruktionsbüros: Bereits bei Austro-Daimler war der damals blutjunge Niederösterreicher rechte Hand des technischen Direktors geworden. Später sollte Rabe diese Funktion von seinem Chef erben. Auch bei den Steyr-Werken trafen die beiden wieder zusammen. Als Oberingenieur hatte Rabe maßgeblichen Anteil an allen Entwicklungen des Porsche-Konstruktionsbüros. Während der für die Porsches und Piëchs schwierigen Zeitspanne zwischen 1944 und 1950 übernahm Rabe die technische Leitung des Unternehmens und zeichnete damit maßgeblich für die Entwicklung des Cisitalia-Rennwagens und des ersten Porsche-Sportwagens, des Typs 356, verantwortlich.

Mit im Team waren weiters der Klagenfurter Aerodynamik-Spezialist Josef Mickl, der aus Weyer im oberösterreichischen Ennstal stammende Automobil-Designer Erwin Komenda und der Wiener Neustädter Motoren-Ingenieur Franz Xaver Reimspieß. Letzterer ist etwa der Konstrukteur des Volkswagen-Motors und der Erfinder des VW-Logos. Komenda machte so wie Porsche bereits in jungen Jahren Karriere. 1930 wurde er im Alter von 26 Jahren Chefkonstrukteur der Daimler-Benz AG in Sindelfingen.

Von 1931 bis 1962 war er bei Porsche Chefdesigner und Leiter der Karosserieabteilung. Abgelöst wurde er in dieser Funktion von Ferdinand Alexander Porsche. Komenda blieb aber bis zu seinem Tod im Jahr 1966 im Unternehmen. Er war es, der dem Volkswagen, dem Schwimmwagen und dem Kübelwagen das Aussehen verlieh. Auch der legendäre Porsche 356 hat seine Formgebung letztlich Erwin Komenda zu verdanken. Bereits vor dem Krieg hatte er zudem die Sportversion des KdF-Wagens gestaltet. Der sogenannte »Berlin-Rom-Wagen« erinnerte bereits stark an die »Porsche-Linie« des Typs 356. Sogar an der Gestaltung des 911ers war Komenda noch maßgeblich beteiligt, obwohl er zu diesem Zeitpunkt nicht mehr Leiter der Design-Abteilung war.

Auch Josef Mickl war auf seinem Gebiet ein Genie: Er konstruierte 1912 das erste österreichische Wasserflugzeug und war im Ersten Weltkrieg für das gesamte österreichische Flugwesen verantwortlich. Nach dem Krieg ging er in das neue Königreich Jugoslawien, wo er bis zu seinem Wechsel in das Porsche-Konstruktionsbüro im Jahr 1931 eine Flugzeugfabrik in Novi Sad leitete. Als Aerodynamik-Spezialist feilte Mickl etwa an der Karosserie des legendären Rennwagens der Auto-Union. Und er war Experte für Kühlsysteme bei Motoren – in dieser Eigenschaft hat er sich auch im Volkswagen verewigt. »Porsches Prinzip der besten Köpfe ging auf und ist bis heute mit Erfolgsmodellen wie etwa dem New-VW-Beetle spürbar«, schreibt Komenda-Enkelin Iris Steineck: »So bezeichnete Thomas Freeman, der Designer des New Beetle und Audi TT, in einem Interview den Karosseriekonstrukteur seiner VW- und Porsche-Vorbildmodelle – Erwin Komenda – als Mentor.« Über das Quartett Rabe-Reimspieß-Komenda-Mickl schreibt Ferdinand Piëch in seiner »Auto. Biographie«: »Jeder der vier war genial, es waren Ingenieure mit einem unglaublich breit angelegten Spektrum und mein Großvater hatte das rechte Gefühl für sie gehabt. Unter der Leitung eines Promotors, wie es Ferdinand Porsche war, ergab sich dieses Zusammenspiel, das letztlich traumhafte Leistungen hervorbrachte, weit über die Jahrzehnte hinweg.«

Ferdinand Porsche war also nicht nur genialer Techniker, er verstand es auch, sich mit einem exzellenten Stab zu umgeben. Was macht nun seine Einzigartigkeit, seine Genialität aus? Ist es die Hybrid-Technik oder der Vierradantrieb? Beides hat Porsche bereits um die Wende vom 19. zum 20. Jahrhundert erfunden. Oder ist es die Drehstabfederung? Man könnte einfach meinen, es sei die Summe seiner zahlreichen Entwicklungen, die dazu geführt hat, dass aus dem einfachen Lehrbuben aus Böhmen *das* Automobilgenie des 20. Jahrhunderts wurde. Diese Argumentation ist aber zu kurz gegriffen: Begabte, wenn nicht gar geniale Motoren-Entwickler und Fahrzeug-Designer gab es viele. Vor allem in der Anfangszeit des Automobils, als es darum ging, das Auto so zu formen, wie wir es heute kennen. Experten der Technik- und Autogeschichte neigen zu der These, es sei vor allem der Volkswagen, der spätere Käfer, der Ferdinand Porsche unsterblich gemacht habe.

Dabei war der Käfer bei Gott kein schönes Auto, auch kein sonderlich bequemes oder sportliches. Und dennoch hat er gleich in mehrfacher Hinsicht alle Konkurrenten um Längen geschlagen: Kein anderes Auto wurde so lange produziert. Zwischen 1948 und 2003 (in Mexiko) haben mehr als 21 Millionen Stück die verschiedenen Fabriken verlassen. Übertroffen wurde diese Stückzahl erst durch den VW Golf im Jahr 2002. Über kein anderes Auto wurde so viel geschrieben wie über den Käfer, kein Auto hat in so vielen Filmen eine (Haupt-)Rolle gespielt. Der Käfer hält auch einen weiteren, kuriosen Rekord: In keinem anderen Fahrzeug dürften so viele Kinder zur Welt gekommen sein – bis 1975 sind allein in den USA knapp 300 Fälle dokumentiert.



In all den Jahren hat sich der Käfer nicht wesentlich verändert. Und gerade damit war er der zur Maschine gewordene Beweis für deutsche Zuverlässigkeit und Gründlichkeit. Das beginnt bereits bei der Form, die keineswegs zufällig gewählt ist. Porsche suchte nach einer Konstruktion, die höchste Stabilität versprach. Sein Team und er hatten erkannt, dass die Kräfte, denen ein Auto auf der Straße und vor allem in den Kurven ausgesetzt ist, die Karosserie zum Schwingen bringen und sie auch geringförmig verformen. Die Folgen sind Materialschwäche und Haarrisse, an denen Rost ansetzt. Die Ei-Form des Käfers reduzierte in Verbindung mit dem stabilen Zentralrohr-Plattformrahmen diese Schwingungen so weit als möglich. Dazu kamen noch der schwingungsarme Boxermotor und die Drehstabfederung. All diese Komponenten führten dazu, dass die Lebenserwartung einer Käfer-Karosserie wesentlich höher war als die anderer Modelle. Zudem waren Fahrzeug und Motor so konstruiert, dass einzelne Teile einfach ausgetauscht werden konnten. Das ermöglichte bereits eine billige Fertigung und sollte sich auch in den Aufwendungen für die normale Wartung und in den geringeren Reparaturkosten nach einer Havarie positiv niederschlagen.

### *Ein Kind mehrerer Väter?*

Tatsächlich handelt es sich – wie bereits dargestellt – beim ersten Volkswagen um eine absolut bahnbrechende Entwicklung. Um ein singuläres Ereignis in der Automobilgeschichte, hinter dem nicht nur viel technisches Wissen steht, sondern auch tiefstes Verständnis für Fertigungstechnik und wirtschaftliche Mechanismen. Das geht auch aus jenem Exposé hervor, das Porsche im Jahr 1934 dem Reichsverband der Automobilindustrie vorgelegt hat: »Ich habe die Frage des Volkswagens eingehend studiert. Ich verstehe unter einem Volkswagen kein Kleinfahrzeug, das durch künstliche Verringerungen seiner Abmessungen, seiner Leistung, seines Gewichts usw. die Tradition der bisherigen Ergebnisse auf diesem Gebiet nach Storchenschnabelmanier weiterführt. Ein solcher Wagen kann zwar im Ankaufspreis, niemals aber vom Standpunkt einer gesunden Volkswirtschaft aus billig sein, da ja sein Gebrauchswert durch Verringerung der Fahrbe-

quemlichkeit und Lebensdauer nur äußerst gering ist. Gerade in Zeiten wachsender Verkehrsdichte, in denen die Fahrsicherheit immer höhere Beachtung verdient, sind alle Maßnahmen, die auf Verringerung des Gebrauchswertes abzielen, unbedingt zu verwerfen. Ich verstehe unter einem Volkswagen nur ein vollwertiges Gebrauchsfahrzeug, das mit jedem anderen Gebrauchsfahrzeug gleichberechtigt in Wettbewerb treten kann. Um die bisher üblichen Gebrauchswagen zu Volkswagen zu machen, bedarf es meiner Ansicht nach grundsätzlicher Lösungen!«
Bereits mehrfach ist in diesem Buch darauf hingewiesen worden, dass Ferdinand Porsche mit der Ökonomie zeit seines Lebens auf Kriegsfuß stand. Man darf also davon ausgehen, dass ihm bei der Formulierung dieser Ausführungen ein Kaufmann zur Seite gestanden ist. Und das führt zu einer spannenden Überlegung: Porsches kaufmännischer Leiter hieß bis 1933 Adolf Rosenberger. Dieser war ein enger Freund des Konstrukteurs und einer der wenigen Männer, der darauf hoffen durfte, mit einem Rat bei Porsche durchdringen zu können. Nach der Machtergreifung durch die Nationalsozialisten schied Rosenberg zwar aus dem Unternehmen aus. Porsche pflegte aber weiterhin Kontakt zu ihm. Schließlich hatte er ihm das Ausscheiden aus dem Konstruktionsbüro mit einem Vertrag als Vertreter für die Porsche-Konstruktionsleistungen außerhalb Deutschlands versüßt. Zudem kann davon ausgegangen werden, dass viele Überlegungen, die Porsche in seinem Exposé aus dem Jahr 1934 festgehalten hat, bereits Monate, wenn nicht Jahre alt waren. Schließlich arbeitete das Porsche-Konstruktionsbüro bereits 1931 an einem Volkswagen, und zwar im Auftrag von Zündapp. Es gibt zwar keinen Beweis, und ein solcher wird auch kaum mehr zu finden sein, es spricht aber doch einiges dafür, dass der jüdische Kaufmann Adolf Rosenberg mit zu den geistigen Vätern des Volkswagens der Nationalsozialisten gehört. Man wäre fast versucht, von einem Treppenwitz der Geschichte zu sprechen, wäre das Thema nicht zu ernst.

Derzeit gilt Ferdinand Porsche (noch?) als der Konstrukteur des Volkswagens. Zu Recht, wie der Verfasser meint, auch wenn man die Rolle seines Technikerstabes nicht unerwähnt lassen darf. Es suchen aber auch in diesem Punkt Historiker und solche, die sich dazu berufen fühlen, nach möglichen Indizien, um am Mythos Porsche kratzen zu können. So meldete etwa im Oktober 2005 das Technik-Magazin »Technology Review«, wahrer Erfinder des Käfers sei der jüdische Ingenieur Josef Ganz gewesen. Dieser habe wesentliche Vorarbeiten für den Volkswagen geleistet. Sein »Maikäfer« aus dem Jahr 1931 habe große Ähnlichkeiten mit dem späteren Erfolgsmodell gehabt und bereits auf Heckmotor, Zentralrohrrahmen und Einzelrad-Aufhängung gesetzt.
Tatsächlich ist 1933 eine verbesserte Version des »Maikäfers« als »Standard Superior« auf den Markt gekommen und als »Volkswagen« beworben worden. Nach der Machtergreifung durch die Nationalsozialisten wurde Ganz vorübergehend festgenommen. Die Gestapo durchsuchte sein Büro in Frankfurt am Main und soll dabei zahlreiche Dokumente konfisziert haben, berichtet »Technology Review«. Damit soll wohl suggeriert werden, die Nationalsozialisten hätten Porsche die Ganz-Entwürfe zugespielt. Ganz kam später wieder frei und konnte emigrieren. Er ließ sich schließlich in Australien nieder, wo er 1967 auch starb. Von Canberra aus habe Ganz Ansprüche auf Rückerstattung gestellt, so »Technology Review« weiter. Das Verfahren sei jedoch im Sand verlaufen. Im Gegenzug habe ihn die deutsche Botschaft in Australien auszeichnen wollen. In der Begründung soll es unter anderem geheißen haben, Ganz habe »in hohem Ausmaß zur Realisierung dieses Projektes« [gemeint ist der Volkswagen – Anm. d. Verf.] beigetragen und »die deutsche Automobilindustrie in hohem Maße vorangebracht«.
Auch der Alt-Österreicher Béla Barényi wurde wiederholt als eigentlicher Erfinder des Käfers genannt. Er hatte 1925/26 bei der Maschinenbau-Anstalt in Wien einen Entwurf eingereicht, der tatsächlich Parallelen zum späteren Volkswagen Porsches

aufweist. Allerdings versäumte es Barényi, seine Konstruktion durch Patente abzusichern. Trotzdem verklagte er nach dem Krieg die Volkswagen AG wegen Verletzung des Urheberrechts und erhielt 1955 vor einem Gericht Recht. Barényi wurde aber auch aus einem anderen Grund bekannt. Er arbeitete von 1939 bis 1972 für Mercedes und gilt als Vater der passiven Sicherheitseinrichtungen in den diversen Modellen. Einen Fehler wie Mitte der Zwanzigerjahre machte er kein zweites Mal: Seine Entwicklungen für Mercedes sind mit insgesamt 2.500 Patenten abgesichert.

Inwieweit sich Porsche und sein Team bei Ganz und Barényi bedient haben und ob die Geschichtsbücher hier umgeschrieben werden müssen, werden wohl erst weitere Forschungen zeigen. Fest steht derzeit nur, dass das Porsche-Konstruktionsbüro nicht im luftleeren Raum agiert hat. Natürlich gehörte es zu den Aufgaben der Techniker, sich über neueste Entwicklungen auf dem Laufenden zu halten und deren Anwendbarkeit auf eigene Projekte zu überprüfen. Das ist ein Prozess, der damals wie heute alltäglich war, nichts mit Industriespionage zu tun hat und auch im Sinne der Wirtschaft und der Wissenschaft ist. Schließlich gilt ja Wissenschaft als die Summe des Wissens, das mithilfe von nachvollziehbaren Methoden gewonnen wird und allgemein zugänglich ist. Vor allem der Punkt der allgemeinen Zugänglichkeit ist in Bezug auf Josef Ganz besonders hervorzuheben. Schließlich war dieser zwischen 1928 und 1934 Chefredakteur der Zeitschrift »Motor-Kritik« und veröffentlichte seine Ideen in dieser Funktion.

Teil II:

# Porsche und Porsche: ein Name – zwei Unternehmen

# 8. Ferry Porsches Volkswagen-Deal

Der Zusammenbruch des Dritten Reiches mischte die Karten auch für die Porsches und Piëchs neu. Ferdinand Porsche und sein Schwiegersohn waren nun nicht mehr Herren einer riesigen Fabrik. Und das Porsche-Konstruktionsbüro hatte mit einem Schlag seinen wichtigsten Auftraggeber, das Volkswagenwerk, und seine politischen Schirmherren verloren. Zu allem Unglück für die Familie wurden die drei Männer auch noch von den Alliierten festgenommen. Ferry Porsche war rasch entlastet und konnte im Frühjahr 1946 nach Gmünd zurückkehren. Er übernahm hier – wie bereits erwähnt – die Geschäfte des Familienunternehmens. Und damit konnte er den Grundstein für sein Lebenswerk setzen: die Umwandlung des väterlichen Ingenieurbüros in eine der renommiertesten Autofabriken weltweit. Ein Satz, der sich einfach schreibt und liest, hinter dem aber enorme Anstrengungen und ganz am Beginn jede Menge Verhandlungsgeschick steht.

Unmittelbar nach dem Serienanlauf des Käfers im wiedererrichteten Volkswagenwerk in Wolfsburg wurde Ferry Porsche 1948 beim damaligen VW-Generaldirektor Heinrich Nordhoff vorstellig. Der vormalige Opel-Manager war gerade erst von den Briten in die Funktion eingesetzt worden. Porsche junior wollte über einen aus seiner Sicht längst fälligen Lizenzvertrag für den Volkswagen verhandeln. Immerhin sei der Käfer eine Entwicklung des Konstruktionsbüros von Ferdinand Porsche, lautete das Argument, dem sich Nordhoff nicht verschließen wollte und konnte. Ferry befand sich durchaus in einer starken Position: Ende der Vierzigerjahre war Wolfsburg Brachland, was das technische Wissen rund um den Volkswagen anbelangte. Dieses befand sich ausschließlich im Besitz des Porsche-Konstruktionsbüros, das ja vor und während des Krieges die ausgelagerte Entwicklungsabteilung des Volkswagenwerks gewesen war. Die Verhandlungen verliefen zäh, brachten aber für die Familien Porsche und Piëch ein Ergebnis, das letztlich den Aufbau der Sportwagenschmiede in Stuttgart-Zuffenhausen und des Fahrzeughandelshauses in Österreich ermöglichen sollte.

Einerseits verzichtete Ferry Porsche bei den Verhandlungen im Namen des Porsche-Konstruktionsbüros auf das Recht, mit *allen* Entwicklungsarbeiten für den Volkswagen-Konzern beauftragt zu werden. Dieses Privileg war dem Professor vor dem Krieg vertraglich eingeräumt worden. Im Gegenzug erhielt das Porsche-Büro erstens den Auftrag für die Weiterentwicklung des Volkswagens, was vorerst die monatliche Summe von 40.000 Mark einbrachte. Zweitens handelte Ferry eine Lizenzgebühr für jeden gebauten Käfer aus, konkret wurden 0,1 Prozent des Brutto-Listenpreises vereinbart. 1950 entsprach das etwa dem Betrag von fünf Mark pro Käfer. Daher wird meist fälschlicherweise berichtet, die Lizenzgebühr sei in dieser Höhe ausgehandelt worden. Die Gebühr wurde bis zum Jahr 1972 bezahlt.

Drittens erhielt das Porsche-Konstruktionsbüro die Genehmigung, auf Basis von VW-Teilen einen Sportwagen zu bauen. Damit ließ sich Ferry im Nachhinein die Konstruktion des Typs 356 absegnen, der zu diesem Zeitpunkt bereits fertig in Gmünd stand. Der Porsche-Sportwagen sollte dann über das noch aufzubauende VW-Vertriebsnetz verkauft werden, was ebenfalls vertraglich fixiert wurde. Und viertens wurde eine Klausel in die Vereinbarung aufgenommen, welche die Familien Porsche und Piëch zu den österreichischen Generalimporteuren aller VW-Produkte machte. Der Käfer wurde damit zur Grundlage der beiden Porsche-Unternehmen, die sich in der Folge in Salzburg und Stuttgart entwickelten. Daran erinnert noch heute ein Exemplar der letzten Käfer-Serie, das in der Eingangshalle des Porschehofs in Salzburg, der Zentrale der Holding, aufgestellt ist.



Nordhoff hatte die Hosen runtergelassen, wie man so schön sagt. Ihm sei es wohl darum gegangen, das Porsche-Unternehmen an Volkswagen zu binden, mutmaßt Ferry Porsche in seiner Autobiographie: »Denn ohne diese vertragliche Abmachung hätten wir ja ohne Weiteres ein ähnliches Auto wie den VW für ein Konkurrenz-Unternehmen entwickeln können.« Der umfangreiche Vertrag wurde schließlich von Nordhoff, Ferdinand und Ferry Porsche und von Anton und Louise Piëch in Bad Reichenhall unterzeichnet. Weil die britische Besatzungsmacht die Vereinbarung beeinspruchte, trat sie erst Ende 1949 in Kraft. Trotzdem ließen sich die Porsches und Piëchs bereits am 7. September 1948 von der Bezirkshauptmannschaft Spittal an der Drau den Gewerbeschein für den »Handel mit Kraftfahrzeugen und deren Ersatzteile, beschränkt auf Erzeugnisse der Wolfsburger Motorenwerke« ausstellen. Die Behörde hat den Gewerbeschein namentlich Ferry Porsche genehmigt, obwohl laut Handelsregister beide Geschwister persönlich haftende Gesellschafter und Geschäftsführer der im Jahr zuvor gegründeten Porsche Konstruktionen GmbH waren.

Weil von Gmünd aus das Autogeschäft auf Dauer nicht betrieben werden konnte, verlegten die Geschwister 1949 den Firmensitz des neuen Handelshauses nach Salzburg in die Alpenstraße. Dort stand das Gelände eines ehemaligen Pionier-Übungsplatzes zur Verfügung. Die Übersiedelung war Sache von Ferry und Louise. Ferdinand Porsche spielte zu dieser Zeit keine Rolle mehr. Er war schwer krank aus der Gefangenschaft zurückgekehrt und sollte sich nie wieder erholen. Während Ferry Porsche nach Stuttgart zurückkehrte und sich dort um den Auf- und Ausbau der Sportwagen-Produktion kümmerte, startete der Piëch-Zweig der PS-Dynastie als Fahrzeughändler in Österreich durch. Beide Unternehmen blieben aber im Eigentum beider Familien. Zwischen dem Auto-Clan und VW-Chef Heinrich Nordhoff entwickelte sich in der Folge eine freundschaftliche Verbindung, die auch familiär werden sollte: Louise Piëchs ältester Sohn Ernst heiratete Nordhoffs zweite Tochter Elisabeth. Der Sohn der beiden, Florian Piëch, wird heute als zukünftige Führungsfigur seines Familienzweiges gehandelt – dazu aber später.

# 9. Der Aufbau der Porsche-Autofabrik

Ferdinand Porsche hat Automobilgeschichte geschrieben. Beginnend mit dem »Mixte«-Wagen, über den »Sascha«-Sportwagen und den Rennboliden der Auto-Union bis hin zum Volkswagen setzte er Meilensteine. Allerdings trug keine seiner Schöpfungen bislang auch seinen Namen. Das sollte sich erst nach dem Zweiten Weltkrieg unter Ferry Porsche ändern. Der war im Gegensatz zu seinem Vater kein begnadeter Techniker. Seine größten Verdienste waren die Verhandlungen mit VW-Direktor Nordhoff, welche die Basis für das weitere Geschäft bildeten. Und es gelang ihm, den Technikerstab seines Vaters zusammenzuhalten und mit ihm gemeinsam das Konstruktionsbüro zur Autofabrik und damit Porsche zu einer der begehrtesten Automarken der Welt zu machen. Zudem hat das familieneigene Unternehmen unter seiner Führung wesentliche Impulse im Rennsport gesetzt und sich weiter als Konstruktionsbüro betätigt – in erster Linie für Volkswagen.

Das ist zwar nicht ganz so spektakulär wie das Lebenswerk seines Vaters, aber immerhin mehr als die meisten anderen Menschen am Ende ihres Lebens aufzuweisen haben. Ferry Porsche selbst hat sich mit Fragen, wer denn welche Verdienste vorzuweisen hat, kaum auseinandergesetzt. Bei seinem letzten Besuch im Porsche-Fahrzeugmuseum in Gmünd sagte er ein halbes Jahr vor seinem Tod: »Mich hat zeit meines Lebens das Gewesene nicht interessiert.« Was für Ferry Porsche recht war, muss für andere noch lange nicht billig sein. Und so erlaubt sich der Verfasser, das aufzuarbeiten, was den Gründer der Porsche-Autofabrik zeit seines Lebens nicht interessiert hat.



## *Der erste Porsche-Sportwagen*

Bereits kurz nach Kriegsende ging Ferry Porsche in Gmünd daran, auf Basis des Käfers einen eigenen Sportwagen zu bauen. Er griff damit ein Projekt auf, das sein Vater bereits Ende der Dreißigerjahre realisieren wollte. Damals wurden drei Prototypen einer Sportversion des KdF-Autos unter der Bezeichnung »Berlin-Rom-Wagen« erzeugt. Dieser Typ 64 hätte in einem großen Rennen von Berlin nach Rom eingesetzt werden sollen. Geplant war der Start für die erste Septemberwoche 1939. Am Ersten des Monats begann jedoch der Zweite Weltkrieg. Damit war das Rennen gestorben und die Zeit für den Bau von Sportwagen vorerst vorbei. Eines der drei Exemplare des »Berlin-Rom-Wagens« überstand die Kriegswirren. Es ist heute in jenem Museum zu bewundern, das der Zentrale der Porsche AG in Stuttgart-Zuffenhausen angeschlossen ist.

Die offizielle Chronik der Porsche AG und die meisten Porsche-Bücher und -Artikel lesen sich so, als sei es die logischste Sache der Welt gewesen, dass Ferry mit dem Bau eines eigenen Sportwagens begann. Tatsächlich muss der Plan zur damaligen Zeit gelinde gesagt eigenartig gewirkt haben. Unmittelbar nach dem Ende des Zweiten Weltkriegs war Deutschland geteilt, große Teile der Städte und der Wirtschaft lagen in Trümmern. Millionen von Flüchtlingen und Ausgebombten kämpften um das nackte Überleben. Wer sollte also einen Sportwagen kaufen? Zudem hatte Ferry noch nicht mal eine Genehmigung durch das Volkswagenwerk, die holte er erst 1948 bei den Verhandlungen mit Heinrich Nordhoff ein. Schwester Louise soll massive Bedenken an den Sportwagenplänen ihres Bruders angemeldet haben. So wie sie beschrieben wird, dürfte sie wohl lautstark am Verstand ihres Bruders gezweifelt haben. Letztlich gab sie aber nach und segnete den Plan Ferrys ab.

Der Sportwagen, der in Gmünd 1948 fertiggestellt wurde, sollte als Typ 356 in die Automobilgeschichte eingehen und den legendären Ruf der Sportwagenmarke Porsche begründen. Der 356er gilt als Auto von zeitloser Schönheit und das nicht nur für eingefleischte Fans. Er kann zudem mit Fug und Recht als Vater aller weiteren Modelle des Unternehmens bezeichnet werden: Seine

Form, die runden Frontscheinwerfer auf konvex gewölbten Kotflügeln, das abfallende Heck und das abgerundete Heckfenster, findet sich in allen weiteren Sportwagen aus Zuffenhausen wieder, auch in der Formensprache des 911ers. Angedacht war anfangs nur eine Serie von 500 Stück. Bis zur endgültigen Einstellung der Produktion im Jahr 1965 sollten aber 77.361 Exemplare des 356ers gebaut werden.

Als Vater des ersten Porsche-Sportwagens gilt gemeinhin Ferry Porsche. Das ist eigentlich nicht ganz richtig. Schließlich hat ja Porsche senior bereits in den Dreißigerjahren – wie erwähnt – den Typ 64 gebaut. Dieser hatte zwar einen anderen Motor als der 356er, war dem ersten offiziellen Porsche-Sportwagen aber sonst schon sehr ähnlich. Ferry war zur Realisierung seiner Pläne in noch größerem Ausmaß als sein Vater auf den exzellenten Technikerstab des Porsche-Konstruktionsbüros angewiesen. Eine Tatsache, die auch auf der offiziellen Homepage der Porsche AG bestätigt wird. »Unter Leitung von Ferry Porsche wird in Gmünd ein Sportwagen auf Basis von Volkswagenteilen realisiert: der 356. Der von Ferry Porsche und bewährten Mitstreitern entwickelte ‚erste Porsche' Typ 356/1 wird in Gmünd fertiggestellt und am 8. Juni technisch abgenommen. Es entsteht der erste Sportwagen, der den Namen Porsche trägt. Ein Roadster mit Leichtmetallkarosserie.« An anderer Stelle heißt es: »Die Umsetzung seiner Idee eines kleinen Sportwagens auf der Basis des Volkswagens zusammen mit Chefkonstrukteur Karl Rabe (1895–1968) und dem Karosseriedesigner Erwin Komenda (1904–1966) war, 17 Jahre nach Gründung des Konstruktionsbüros durch seinen Vater, ein Scheideweg für das Unternehmen, das nun in seiner Aufgabenstellung den Charakter als reines Konstruktionsbüro verlor und auch zur Produktionsfirma wurde.«



Der 356er war nicht nur der erste Sportwagen, der den Namen Porsche trug, sondern er war für Ferry auch ein wichtiger Schritt in Richtung Emanzipation von seinem Vater, der bislang immer im Mittelpunkt des Unternehmens gestanden war: »In der Öffentlichkeit dominierte er«, schreibt Ferry in seinen Erinnerungen. »Seine führende Rolle war dann unumstritten. Daran hatte auch ich mich zu gewöhnen. Waren wir jedoch unter uns, dann konnte ich ihm durchaus widersprechen und andere Lösungen vorschlagen. Er hörte dann zu und respektierte meinen Vorschlag, wenn er besser war als die in Arbeit befindliche Konstruktion.« Bei genauem Studium dieser Zeilen könnte man fast so etwas wie einen ständig schwelenden Vater-Sohn-Konflikt im Hause Porsche herauslesen.

Der Professor sah am Ende seiner Haft im Sommer 1947 in Kitzbühel zum ersten Mal die Pläne für jene Modelle, die während seiner Abwesenheit konstruiert worden waren. Darunter auch die Studien für den 356er. Glaubt man verschiedenen Quellen, soll Porsche senior nach eingehender Betrachtung des Modells 356 gesagt haben: »Keine Schraube hätte ich anders gemacht.« Die Geschichte ist zwar gut, sie hat aber einen Haken: Sie stimmt so nicht. Wie Ferry Porsche selbst geschrieben hat, sei es um den Grand-Prix-Wagen für Cisitalia gegangen und sein Vater habe auf die Frage, was er denn von der Arbeit halte, wörtlich gesagt: »Ich hätte die Aufgabe genau so angepackt wie du!« Viel mehr als dieses Lob konnte Porsche senior nicht mehr beitragen. Seine Gesundheit war nach der schweren Haft ebenso angegriffen wie seine Persönlichkeit. Ferry Porsche: »Er war in psychischer Hinsicht nicht mehr der Alte. Da wurde mir klar, dass ich kaum noch mit seiner aktiven Mitarbeit rechnen konnte. Ich war auf mich allein gestellt.«

Das erste Modell des neuen Porsche-Sportwagens – damals noch mit Mittelmotor, erst die weiteren Modelle wurden mit dem Motor im Heck gebaut – war dann 1948 fertig. Mit einem luftgekühlten Boxermotor setzte Ferry Porsche auf das bewährte Konzept des Volkswagens. Allerdings ermöglichte der Motor im 356er dank seines Doppelvergasers höhere Drehzahlen und damit wesentlich mehr Leistung. Im 356er mit der Seriennummer 1 trat Ferrys Cousin Herbert Kaes beim Stadtrennen von Innsbruck an und fuhr mit dem neuen Sportwagen den Sieg in seiner Klasse ein.

Auf dem Genfer Automobilsalon 1949 wurde das neue Auto zum ersten Mal international zum Verkauf präsentiert. Der Ort war nicht zufällig gewählt: Mangels eigenen Kapitals hatte Ferry Porsche nach Partnern gesucht und die in Gestalt zweier Schweizer Unternehmer gefunden. Das Interesse in Genf hielt sich aber trotz des bestechenden Designs in Grenzen. Vielen galt das Auto lediglich als aufgemotzte Version des Volkswagens. Und wer wollte dafür schon 14.000 Franken ausgeben. Daher blieb die produzierte Stückzahl vorerst auch gering: In Gmünd erzeugten 300 Mitarbeiter von Hand mit einfachsten Mitteln und teilweise aus Volkswagen-Teilen insgesamt 52 Exemplare des 356er – 44 Coupés und acht Cabrios.

Die Produktionsbedingungen in Kärnten waren schwierig, und das nicht nur, weil es an allen Ecken und Enden an Material fehlte. Für die Ausformung der Aluminium-Konstruktion war ein gewisser Friedrich Weber verantwortlich. Dieser hatte schon bei Austro-Daimler für Porsche gearbeitet und konnte innerhalb von 90 Stunden mit seinen beiden Gehilfen eine komplette Karosserie über einer Holzform von Hand dengeln. Allerdings trug er seinen Spitznamen »Tschecherl« nicht umsonst. »Tschechern« bedeutet in Österreich so viel wie saufen. Weber war offenbar Quartalsäufer: Stand der Mond richtig, ließ er sich zwei, drei Tage lang volllaufen. An eine Produktion war dann nicht zu denken, obwohl ihn Ferry Porsche wiederholt bekniet haben soll, doch bitte wieder in der Werkstatt zu erscheinen. Weber rauszuwerfen kam nicht in Frage, schließlich schaffte es niemand sonst, von Hand eine perfekte Karosserie aus Aluminium zu formen.



Ein gutes Dutzend 356er wurde dann noch 1949/50 in der Porsche-Werkstätte in der Salzburger Alpenstraße gefertigt, in einem Teil der Mozartstadt, der damals gerade erst im Entstehen war.

Der Standort erwies sich aber für die Autoproduktion als denkbar ungeeignet. Er war ja eigentlich als Handelsniederlassung samt angeschlossener Reparaturwerkstätte für den Volkswagen eingerichtet worden. Außerdem erschwerten die verschiedenen Zonengrenzen im besetzten Österreich und Deutschland die Arbeiten: »Manchmal konnten wir hochwertige Teile, wie zum Beispiel Spezialzündkerzen, nur in Deutschland beschaffen und brachten sie dann in der Hosentasche über die Grenze«, schreibt Ferry Porsche in seinen Erinnerungen.

## *Rückkehr nach Stuttgart und ein erster Todesfall*

1949 kehrte Ferry Porsche mit dem Konstruktionsbüro, das mittlerweile auch eine Fertigung umfasste, wieder nach Stuttgart zurück. Allerdings musste er sich nach einem neuen Firmensitz umsehen, weil die ehemaligen Betriebsgebäude des Konstruktionsbüros von den Amerikanern besetzt waren. Also mietete er Hallen von der Karosseriewerkstatt Reutter an, in denen er die Fertigungsanlagen für den Porsche 356 aufbauen ließ. Das war überaus praktisch, konnte der Vermieter doch gleich die Karosserien produzieren. Es war dies der Beginn einer langjährigen Partnerschaft, die noch heute besteht – wenn auch in abgewandelter Form. Allerdings musste Ferry von der Aluminiumkarosserie, wie sie in Gmünd noch händisch gefertigt wurde, auf ein leichtes Stahlblech wechseln, weil Reutter nicht imstande war, Aluminium zu verarbeiten. Über ihr ursprüngliches Werk in Zuffenhausen konnte die Porsche-Autofabrik erst ab dem Jahr 1955 wieder verfügen. Skurrilerweise hing die Rückgabe durch die US-Verwaltung mit einigen Cholera-Fällen in Stuttgart zusammen. Für die Erkrankten sollte auf dem besetzten Porsche-Areal eine Isolierstation eingerichtet werden. Dazu kam es allerdings nicht, weil die Krankheit vorher erlosch. Dennoch hatten die Amerikaner die Gebäude freigegeben, die nun wieder in den Besitz von Porsche übergingen.

Zurück aber zum 356er: 1950 reiste Ferdinand Porsche noch einmal persönlich zum großen Automobilsalon nach Paris, um durch seine Anwesenheit die Präsentation des neuen Sportwagens zu unterstützen. Er kehrte damit erneut in jene Stadt zurück, in der er ein halbes Jahrhundert zuvor bei der Weltausstellung mit seinem Lohner-Porsche Furore gemacht hatte. Und auch dieses Mal gab es für den Namen Porsche viel Applaus. Nicht nur, weil der Typ 356 eine durch und durch gelungene Konstruktion war, sondern auch, weil der berühmte alte Mann überhaupt noch einmal zur traditionellen Autoschau gekommen war.

Es sollte aber die letzte große Reise des Professors werden: Der geniale Konstrukteur, der Schöpfer des Volkswagens und der Begründer einer PS-Dynastie sollte die Präsentation des 356er, diesen wichtigen Schritt, der aus seinem Konstruktionsbüro eine Autofabrik machte, nicht lange überleben. Er erlitt im November 1950, nach seiner Rückkehr von einem Besuch im Volkswagenwerk, einen Schlaganfall und starb am 30. Jänner 1951 im 76. Lebensjahr in Stuttgart. Beigesetzt wurde er auf dem Schüttgut in Zell am See. Während seiner letzten Lebensmonate war er überaus nervös und neigte noch mehr zum Jähzorn als vorher. Das hing zum einen damit zusammen, dass er sich in Spitalspflege begeben musste. Er, der stets unruhige und rastlose Geist, war plötzlich zum Nichtstun verdammt. Zum anderen fiel es ihm schwer, zu verkraften, dass kein Arzt der Welt in der Lage war, seinen Körper zu reparieren. »Er war ein sehr ungeduldiger Kranker«, erinnert sich Ferry Porsche, »denn als Techniker betrachtete er den menschlichen Körper mit der Logik eines Ingenieurs.« Jahrzehnte nach dessen Tod erinnerte sich Louise Piëch in einem Fernseh-Interview daran, dass ihrem Vater am Ende seines Lebens von all seinen Konstruktionen der Käfer die größte Freude bereitet hatte. Ferdinand Porsche konnte noch erleben, wie auf den deutschen Autobahnen drei Viertel aller Autos Volkswagen waren.



Aloisia Porsche überlebte ihren Gatten um acht Jahre. Sie hatte es nicht immer leicht gehabt. Der geniale Konstrukteur war kein einfacher Mensch – seine Zornausbrüche sind Legende. Zudem war Porsche viel unterwegs, und wenn er zu Hause war, arbeitete er praktisch rund um die Uhr. Er war zwar genial, musste sich aber den Erfolg auch hart erkämpfen. Manche Lösungen entstanden aus Eingebungen, der größte Teil jedoch durch Tüfteln und ständige Versuche. Dennoch hielt die Ehe fast ein halbes Jahrhundert. Trotz seiner zahlreichen Reisen und seines fast fanatischen Arbeitseifers war Ferdinand Porsche nämlich auch ein Familienmensch. Er trennte aber nicht zwischen Beruf und Familie, sondern band seine Frau und seine Kinder einfach ein. Als Kinder fuhren Ferry und Louise samstags und sonntags immer mit, wenn ihr Vater in der Austro-Daimler-Fabrik nach dem Rechten sah. Die Geschwister haben auch oft erzählt, dass selbst am Mittagstisch über nichts anderes gesprochen wurde als über Autos. Und das schon zu einer Zeit, als das Automobil noch eine elitäre Angelegenheit war. Dadurch wurden auch die Geschwister schon frühzeitig mit dem PS-Virus infiziert. Es war daher auch kein Wunder, dass Louise weniger mit Puppen als mit Autos spielte.

Als verantwortungsvoller Familienmensch hatte Ferdinand Porsche alles geregelt, bevor er seinen letzten Weg antreten musste. Das Erbe sollte zu beiden Teilen seinen Kindern zufallen. Weil er die Details aber offengelassen und vor allem nicht geregelt hatte, wer die Führung im Unternehmen übernehmen sollte, einigten sich die Geschwister zu folgender Aufteilung: Ferry sollte sich um das Unternehmen in Stuttgart kümmern, Louise gemeinsam mit ihrem Mann um das Handelshaus in Österreich. Die wichtigsten Entscheidungen sollten gemeinsam im Konsens gefällt werden. Rechtlich wurde das dergestalt sichergestellt, dass beide Geschwister in der Geschäftsführung beider Unternehmen saßen. Es entwickelten sich in der Folge zwei getrennte Gesellschaften, die aber über ihre Eigentümer ständig verbunden waren. Daher wurden die Porsche-Autofabrik und das Porsche-Handelshaus bis in die Sechzigerjahre von den Mitarbeitern als ein Unternehmen aufgefasst. Erst mit dem Rückzug der Familien Porsche und Piëch aus dem operativen Geschäft und der Umwandlung der Autofabrik in eine Aktiengesellschaft wurde die Trennung der beiden Porsche-Gesellschaften auch als solche empfunden – mehr dazu später.

Das wirtschaftliche Leben in den beiden Porsche-Firmen ging nach dem Tod des Unternehmensgründers also weiter. Langsam aber sicher begann der Porsche 356 zum Verkaufsschlager zu werden. Zwei Vorführmodelle waren bei den VW-Vertriebspartnern herumgereicht worden. Die Händler bestellten brav und zahlten bar und vor allem im Voraus: 200.000 Mark konnten so eingenommen werden – eine Finanzspritze, die das Porsche-Unternehmen zu diesem Zeitpunkt dringend brauchen konnte. Der Verkauf über das VW-Netz ermöglichte Porsche quasi aus dem Stand heraus einen internationalen Marktauftritt. Erst in den Achtzigerjahren baute die Porsche AG einen eigenen Vertrieb auf. Hilfreich für den Verkauf war auch der Auftritt des 356er im Jahr 1951 bei den 24 Stunden von Le Mans. Das Porsche-Team siegte in der Klasse bis 1.100 Kubikzentimeter. Der begeisterte Rennfahrer Ferdinand Porsche hätte daran wohl seine Freude gehabt. Nur sechs Jahre nach Ende des Krieges hatten die Teilnahme und vor allem der Sieg eines Porsche-Rennwagens auch eine politische Dimension. Deswegen saß am Steuer auch kein Deutscher, sondern der französische Porsche-Importeur Auguste Veuillet.

Der Erfolg in Le Mans sollte Ferdinand Porsche im Nachhinein Recht geben: Rennsiege kurbeln den Verkauf an. Mit diesem Argument hatte der Konstrukteur einst seinen Aufsichtsrat bei Austro-Daimler von der Sinnhaftigkeit des »Sascha«-Sportwagens überzeugen wollen. Wie richtig er damit gelegen war, zeigten 30 Jahre später die Produktionszahlen des Typs 356: Allein im Jahr 1951 wurden mehr als 1.000 Stück erzeugt und – was noch wichtiger ist – auch verkauft. 1953 wagte man den Sprung über den Atlantik. Anfangs wollten die amerikanischen Händler vom Porsche-Sportwagen nichts wissen. Für US-Verhältnisse war das Auto mit dem geringen Hubraum von 1,3 Liter und seinen 44 PS ja geradezu mickrig. Die Herren Verkäufer sollten ihre Kunden aber unterschätzen: Der Wagen hatte zwar vergleichsweise wenig unter der Haube, dafür wog der Roadster mit seiner leichten Karosserie aber gerade einmal 600 Kilogramm. Mit seiner kompakten Bauweise, dem geringen Gewicht und dem kurzen Radstand bot der 356er höchsten Fahrspaß. Und das wussten auch die Amerikaner zu schätzen: Bereits 1956 wurden 30 Prozent aller 356er für den US-Markt erzeugt.

### *Das Porsche-Markenzeichen entsteht*

Porsche – mit diesem Namen werden heute in erster Linie edle Sportwagen verbunden. Tatsächlich hat die Sportwagen-Fabrik in Stuttgart-Zuffenhausen den Familiennamen, den einst ein einfacher böhmischer Spenglermeister trug, zu einer der erfolgreichsten und damit auch wertvollsten Marken der Welt gemacht. Das dazugehörige Logo hat offiziell Ferry Porsche im Jahr 1952 selbst entworfen. Der Anstoß dazu kam vom Austro-Amerikaner Max Hoffmann, der die Porsche-Sportwagen in den USA importierte. Er wies Ferry Porsche auf die schönen Wappen der britischen Marken hin, die auf dem US-Markt gut ankamen.
Also machte sich Porsche ans Zeichnen. Die ersten Ideen für ein Markenzeichen entwarf er bei einem Aufenthalt in New York auf einer Serviette. Das Logo vermischt die Wappen des Landes Baden-Württemberg mit dem Pferd im Wappen der Stadt Stuttgart und stellt damit einen Bezug zum Standort des Werks her. Ergänzt wird es von einem krönenden Porsche-Schriftzug. Erwin Komenda fertigte aus dem Entwurf eine Reinzeichnung an, die 1953 als Markenzeichen eingetragen wurde. So weit die offizielle Version. Hinter vorgehaltener Hand hat der Verfasser noch eine zweite Fassung der Geschichte des Porsche-Wappens

gehört. Nach dieser soll der erste Entwurf von einem der angestellten Zeichner des Unternehmens stammen. Dieser stand in einem Vertrauensverhältnis zur Familie Porsche und wirkte daher an der Bildung der offiziellen Legende mit.
Das Pferd aus dem Wappen der Stadt Stuttgart ziert übrigens nicht nur die Kühlerhauben der Porsche-Sportwagen, sondern auch der edlen Flitzer von Ferrari. Wie kam es dazu? Ein Freund Enzo Ferraris war im Ersten Weltkrieg Jagdflieger. Im Luftkampf blieb er gegen einen deutschen Piloten siegreich, der auf seiner Maschine das Stuttgarter Wappen führte. Der italienische Flieger schnitt das Wappen aus dem Wrack des abgestürzten Flugzeugs und brachte es als Trophäe nach Italien. Als Ferrari auf der Suche nach einem Markenzeichen war, schlug der ehemalige Kampfflieger das Stuttgarter Pferd vor. Der Commendatore war von der Dynamik des Wappentiers begeistert und übernahm es für seine Sportwagen.

### *Little Bastard*

Von Ferrari wieder zu Porsche: 1953 stellte Ferry Porsche seinen ersten reinrassigen Rennwagen vor, den Typ 550 Spyder, der im Grunde nur eine Weiterentwicklung des 356er war. Obwohl es sich um ein Fahrzeug handelt, das ausschließlich für die Rennstrecken konstruiert worden war, wurde in einer kleinen Serie auch eine Kundenversion erzeugt. Der sogenannte »Fuhrmann-Motor«, ein Vierzylinder-Boxermotor mit vier obenliegenden Nockenwellen und einem Hubraum von eineinhalb Litern leistete für heutige Verhältnisse rührende 110 PS, ermöglichte aber eine Spitzengeschwindigkeit von 220 Stundenkilometern. Zwei Jahre später, am 30. September 1955, sollte der 24-jährige Hollywood-Star James Dean mit einem Porsche 550 Spyder seinem Leben ein frühes Ende setzen, womit er ironischerweise unsterblich wurde.
Nicht nur um den Schauspieler, auch um das Unfallauto ranken

sich zahlreiche Legenden. Es war mehrere Jahre lang bei Ausstellungen über Verkehrssicherheit zu sehen. Nach einer solchen Schau wurde es 1960 auf die Eisenbahn verladen und verschwand spurlos. Die Geschichte des Autos war später sogar Thema eines Romans. Vom Porsche 550 Spyder, wie ihn James Dean fuhr, wurden insgesamt nur 75 Stück erzeugt. Das Exemplar des jungen, wilden Hollywood-Stars trug die Nummer 55. Dabei handelte es sich allerdings nicht um die Seriennummer. James Dean war auf dem Weg zu einem Rennen und hatte bereits seine Startnummer aufgeklebt. Am Heck war der Spyder mit der Aufschrift »Little Bastard« versehen.

Ein Jahr nach dem Tod von James Dean feierte die Porsche KG in Zuffenhausen ihr 25-Jahre-Jubiläum. Damals waren bereits 10.000 Modelle des Typs 356 vom Band gelaufen und Ferry Porsche konnte sich bereits über 400 Rennerfolge freuen. Viele gingen auf das Konto des 550 Spyder, der sich mit seinem relativ kleinen Hubraum und seinen großen Erfolgen den Ruf eines »Hechts im Karpfenteich« erwarb. Die Rede war auch von einem »Giganten«-Killer, was Ausdruck eines beißenden, schwarzen Humors war. Schließlich hieß James Deans letzter Film »Giganten«.

### *Engagement im Rüstungsgeschäft*

Im Jahr 1945 hatten Amerikaner und Briten gemeinsam mit der Sowjetunion Nazi-Deutschland niedergerungen. Schon wenige Wochen nach der Kapitulation des NS-Regimes brach der Kalte Krieg aus, und das besiegte Deutschland – zumindest der westliche Teil davon – wurde für die Alliierten ein wichtiges Bollwerk im Kampf gegen den sich ausbreitenden Kommunismus. Daher war es nur logisch, dass 1954 die ehemaligen Feinde nun offiziell zu Verbündeten gemacht wurden: Deutschland durfte dem 1949 gegründeten Nordatlantikpakt beitreten. Dazu musste das Land wieder aufgerüstet werden, und man griff auf jene Unternehmen

zurück, die bereits in der Vergangenheit bewiesen hatten, dass sie etwas vom Rüstungsgeschäft verstanden.
Im Winter 1951 war Ferry Porsche auf Skiurlaub in der Schweiz. Dort lernte er den schwerreichen indischen Industriellen Jehangir Ratanji Dadabhoy (J.R.D.) Tata kennen, der in Bombay in Kooperation mit Krauss-Maffei Lokomotiven produzieren ließ und nun auch Militärfahrzeuge und Panzer erzeugen wollte. Auf diesem Gebiet verfügte das Porsche-Konstruktionsbüro ja über reiche Erfahrung aus dem Zweiten Weltkrieg. Was lag also näher, als dass man sich zusammentat. Allerdings waren deutschen Unternehmen zu diesem Zeitpunkt – nur sechs Jahre nach Kriegsende – keine Rüstungsgeschäfte erlaubt. Mithilfe eines Schweizer Vermittlers und unter Beteiligung von Daimler-Benz fand Porsche aber einen eleganten Weg, das Verbot zu umgehen, wie er in seinen Erinnerungen schildert: »Niemand konnte uns daran hindern, zusammen mit einem Schweizer Partner … in der Schweiz eine Firma zu gründen, die sich mit der Entwicklung eines modernen Panzers im Gewicht von etwa 32 Tonnen befasste. Porsche hatte auf diesem Gebiet Erfahrung und konnte sehr kurzfristig Vorschläge für einen Panzer dieser Klasse vorlegen.« Drei Jahre später, 1954, ließ schließlich die indische Regierung in Zusammenarbeit mit Porsche ein Montagewerk in Jamshedpur bauen.
Auch in der Heimat mischte das Stuttgarter Porsche-Unternehmen bei der Wiederaufrüstung mit. Über ein Tochterunternehmen bewarb man sich um die Ausstattung der neuen Bundeswehr mit geländegängigen Autos. Der Typ 597 sah ähnlich aus wie der Kübelwagen, verfügte aber über einen zuschaltbaren Vierradantrieb und war schwimmfähig. Es wurde eine Vorserie von 70 Stück erzeugt, letztlich erhielt aber die Auto-Union den Zuschlag. Ferry Porsche schreibt in diesem Zusammenhang von einer Intrige bei den Tests. Seiner Meinung nach hatte die Auto-Union mit Massenkündigungen gedroht, falls sie den Auftrag nicht erhalten sollte.

Der Typ 597 sollte aber nicht die einzige Arbeit für die Bundeswehr bleiben: So stammte etwa das Grundkonzept für den ersten Kampfpanzer »Leopard«, der Ende der Fünfzigerjahre konzipiert wurde, aus der Entwicklungsabteilung der Porsche-Autofabrik. Beim Leopard II wurde das Unternehmen dann auf Betreiben der Amerikaner teilweise ausgeschlossen. Die Begründung: Porsche sei zur Hälfte ein österreichisches Unternehmen, und Österreich gehöre nicht der NATO an. Also wurde Krauss-Maffei Generalunternehmer, der allerdings Porsche mit der Konstruktion des Fahrgestells, der Wanne und der Adaption des unter Militärs hochgeschätzten Daimler-Motors mit seinen 1.500 PS beauftragte. Für die Erprobung und Freigabe des Fahrgestells war damals übrigens Ferdinand Piëch verantwortlich. Bis in die Neunzigerjahre war Porsche über sein Entwicklungszentrum in Weissach im Bereich der Rüstung tätig. Mittlerweile hat man das Engagement aber aufgegeben. Zu den letzten Entwicklungen gehörten ein Bergepanzer für den »Leopard« und der leichte Luftlandepanzer »Wiesel«.

Ferry Porsche hatte wegen der Rüstungsgeschäfte seines Unternehmens nie Bedenken. Stolz beantwortet er in seinen Erinnerungen die rhetorische Frage, ob Porsche denn in diesem Bereich tätig sein müsse, mit Ja: »... denn wir wissen nie, in welche Richtung sich die Politik entwickelt. Unsere Armee beruht nach dem Konzept, nach dem sie aufgebaut ist, auf dem Grundsatz der Verteidigung. Für diese Aufgabe müssen wir sie mit den besten verfügbaren Waffen ausrüsten.« Und die sollten natürlich unter anderem im Hause Porsche entworfen werden. Ferdinand Piëch merkte zu diesem Thema im Gespräch mit dem Verfasser an, bei allen Rüstungsaufträgen sei es nur um die Konstruktion von Fahrgestellen gegangen. Das Porsche-Unternehmen habe nie Waffen auf diese Fahrgestelle konstruiert.

*Konstruktionen für Volkswagen*

Nach dem Abschluss des Vertrags zwischen den Familien Porsche und Piëch einerseits und Volkswagen andererseits erhielt das Konstruktionsbüro, das sich später zur Autofabrik entwickeln sollte, wieder laufend Entwicklungsaufträge aus dem Norden Deutschlands. Ferry Porsche dachte also trotz des beginnenden Aufbaus einer eigenen Autofabrik nicht daran, das ursprüngliche Geschäft aufzugeben. Wie eng die Zusammenarbeit war, zeigt sich schon allein daran, dass ständig mehrere Porsche-Mitarbeiter in Wolfsburg tätig waren. Nordhoff versuchte sogar, das Porsche-Konstruktionsbüro de facto zu schlucken, indem er Ferry vorschlug, dieser solle das ehemalige Volkswagen-Vorwerk in Braunschweig übernehmen und zu einem Entwicklungszentrum für VW ausbauen. Mit dem Angebot war allerdings die Bedingung verbunden, dass Porsche das eigene Unternehmen stillzulegen hätte. Das war für die Familie aber völlig inakzeptabel.

Mit den Entwicklungsarbeiten für Volkswagen begann das Porsche-Unternehmen noch in Gmünd. Dort wurde unter anderem ein Käfer mit einem Elektromotor ausgestattet. Ferry griff damit jene Technik auf, mit der sein Vater seine ersten Erfolge als Konstrukteur gefeiert hatte. Das an sich innovative Konzept kam aber über das Versuchsstadium nie hinaus. Die Verbrennungsmotoren hatten sich durchgesetzt, erst Jahrzehnte später sollten die Autokonzerne sich wieder mit dem Elektroantrieb befassen. Auch ein Dieselantrieb für den Käfer setzte sich nicht durch. »Dieses Projekt war damals einfach zu früh dran«, erinnert sich Ferry Porsche in einem Film aus den Achtzigerjahren an den Diesel- und Elektro-Käfer: »Wir waren in unseren Gedanken um 30 Jahre zu früh.« Darüber hinaus reichte Porsche bis Mitte der Fünfzigerjahre drei Modelle bei VW ein – allesamt Weiterentwicklungen des Käfers, die aber nie in Produktion gingen. Dafür flossen Verbesserungen in den Käfer ein, für die ebenfalls das Porsche-Unternehmen in Stuttgart verantwortlich zeichnete.

Ende der Fünfzigerjahre konstruierte die Porsche-Fabrik zwei weitere Limousinen für Volkswagen. Der elegante Typ 728 mit einer niedrigen Linie und viel Glas trug in seinem Design bereits die Handschrift von Ferdinand Alexander Porsche und sah dem späteren Porsche 914 ähnlich. VW-Vorstand Nordhoff war begeistert, als er den Prototyp zum ersten Mal sah. Allerdings ging der Wagen nie in Serie. Schließlich verkaufte sich der Käfer ausgezeichnet. Die Produktionsanlagen für ihn waren bereits abgeschrieben. Und es wäre unmöglich gewesen, den Typ 728 zu vernünftigen Kosten auf den Markt zu bringen. Dennoch arbeitete Porsche weiterhin an einem Nachfolger für den Käfer. Es wurden weitere Prototypen in Auftrag gegeben und sogar Tests in Afrika durchgeführt. Mit dem plötzlichen Tod Nordhoffs im April 1968 wurden allerdings sämtliche Projekte gestoppt. Es kam später noch einmal zur Zusammenarbeit zwischen Porsche und VW. Aus dieser entstand der Porsche 914 – mehr dazu später.

## *Porsche 911 – eine Legende auf vier Rädern entsteht*

In den Sechzigerjahren hatte die Porsche-Autofabrik so wie Volkswagen ein Problem: Sie stand auf nur einem Bein. Während VW auf Gedeih und Verderb von den Verkaufszahlen des Käfers abhing, lebte das Stuttgarter Porsche-Unternehmen allein von seinem Sportwagen. Um 1960 zeichnete sich ab, dass der 356er bald am Ende seines Produkt-Lebenszyklus angelangt sein würde. Es war daher Zeit für eine Neuentwicklung, die sich in der Folge als neues Kapitel in der Erfolgsgeschichte der Porsche-Autofabrik erweisen sollte. Hinter verschlossenen Türen begann 1961 die Konstruktion eines neuen Modells mit Sechszylinder-Motor. Für das Aussehen der Karosserie trug Ferdinand Alexander »F. A.« Porsche die Verantwortung. Er war bereits seit 1957 im Unternehmen tätig, 1962 machte ihn sein Vater Ferry nach einem über längere Zeit schwelenden Konflikt mit dem langjährigen Chefdesigner Erwin Komenda zum Leiter der Design-Abteilung.

Lange war im Werk darüber diskutiert worden, welches Modell als Nachfolger für den 356er geeignet sei. Die Rede war von einem sportlichen Viersitzer und sogar von einer Limousine. Ferry Porsche sprach schließlich ein Machtwort und forderte einen klassischen Sportwagen mit zwei hinteren Notsitzen. Mit dem 911er sollte dem jungen F. A. ein Entwurf gelingen, der ihm einen Eintrag mit goldenen Lettern in die Annalen der Automobilgeschichte einbrachte. Ursprünglich hieß das Modell übrigens 901.

*AUS 901 WIRD 911*

*Wie kam es überhaupt zu den Typenbezeichnungen? Ferry Porsche orientierte sich bei den Modellbezeichnungen seiner Autofabrik am jeweiligen Stand des Ersatzteil-Nummernsystems von Volkswagen. Das zeigt, wie eng die Porsche-Autofabrik und Volkswagen miteinander verwoben waren. Anfang der Sechzigerjahre, als die Entwicklung des neuen Porsche-Modells begann, war Volkswagen bei seinem System in den 800er-Nummern angelangt. Porsche rundete auf und verlieh seinem jüngsten Kind den Namen »901«.*

*1963 wurde der Porsche 901 auf der IAA (Internationale Automobil-Ausstellung) in Frankfurt präsentiert. Dabei stellte sich heraus, dass die Rechte an allen Typenbezeichnungen für Automobile mit einer Null in der Mitte bei Peugeot lagen. Daher musste Porsche nachträglich die Modellbezeichnung in 911 ändern. Analog betraf das auch weitere Sportwagen, die für die Straße zugelassen werden konnten, wie den Porsche 904 Carrera GTS und den Porsche 906 Carrera 6.*

*Die Porsche 907, 908 und 909 waren als reine Rennautos konzipiert und konnten daher nicht mit Straßenfahrzeugen aus dem Hause Peugeot verwechselt werden. Sie durften ihre Typenbezeichnungen behalten. Um die Verwirrung komplett zu machen: Ab den Neunzigerjahren bestand diese Verwechslungsgefahr wieder, Peugeot brachte nämlich einen Rennwagen mit der Typenbezeichnung 905 an den Start, der sogar zweimal die 24 Stunden von Le Mans gewann.*

Das Grundkonzept des 911er wurde 1963 auf der IAA in Frankfurt präsentiert und erwies sich mit seinem luftgekühlten Boxermotor im Heck so wie das Styling fast als zeitlos. Es wurde bis in das Jahr 1997 beibehalten. Am 14. September 1964 lief dann der erste serienmäßige 911er mit der Fahrgestellnummer 300.007 vom Band. Im Jahr zuvor hatte die Porsche KG noch den Karosseriebauer Reutter aufgekauft. Der langjährige Geschäftspartner verfügte nicht über genügend Kapazität, um das Chassis des 911er produzieren zu können, scheute aber auch die Investition für eine Ausweitung der Kapazität. Lediglich die Herstellung von Sitzen verblieb bei Reutter. Noch heute liefert das Unternehmen RECARO – der Name leitet sich von Reutter Karosseriebau ab – die Sitze für die Sportflitzer aus Zuffenhausen. Porsche ist aber bei Weitem nicht der einzige Kunde: RECARO gehört mittlerweile zu den Markführern bei der Erzeugung von Autositzen aller Art.

Der 911er sollte sich nicht nur als Verkaufsschlager entpuppen, sondern auch als erfolgreiches Rennauto, was den Ruf als Legende mitbegründet hat. So gewann Porsche mit diesem Typ in den Sechzigerjahren zweimal die Markenweltmeisterschaft und zweimal hintereinander die Rallye Monte Carlo.

Obwohl der 911er als Modell mittlerweile mehr als 40 Jahre unter den Rädern hat, gehört er keineswegs zum alten Eisen, sondern wird immer noch produziert. Seit 1963 hat es unzählige Varianten und zahlreiche Modifikationen gegeben. Die mittlerweile zum Klassiker gewordene Form ist aber so gut wie unverändert geblieben. Wer sollte es auch wagen, an einer Legende auf vier Rädern herumzuexperimentieren. Unter der Haube hat sich aber einiges getan: 1975 kam der erste Turbo auf den Markt, der die Motorleistung von 130 auf 260 PS verdoppelte. Der neue 911er Turbo aus dem Jahr 2006 sollte es dann gar auf 480 Pferde bringen.

# 10. Das Porsche-Handelshaus

Wenn ein Österreicher in Deutschland erzählt, er habe bei Porsche einen Neu- oder Gebrauchtwagen gekauft, könnte das der Anlass für ein größeres Missverständnis sein. Für einen Bundesbürger bedeutet das, sein Gegenüber fährt einen Sportflitzer aus Stuttgart. Tatsächlich kann es sich aber um einen 911er genauso handeln wie um einen VW Golf, einen Seat Alhambra oder einen Škoda Felicia. In Österreich ist nämlich der Name Porsche seit den späten Vierzigerjahren auch mit einem Autohandelshaus verbunden, das alle Marken und Typen des Volkswagen-Konzerns vertreibt.

Entstanden ist das Unternehmen, wie bereits erwähnt, im Jahr 1947 als Vorsichtsmaßnahme, mit der verhindert werden sollte, dass die Produktionsmittel des Porsche-Konstruktionsbüros als deutsches Eigentum beschlagnahmt werden konnten. Ein Jahr später schuf der Vertrag zwischen den Familien Porsche und Piëch und dem Volkswagen-Konzern die Basis für den Aufbau eines eigenständigen österreichischen Autohandelshauses. Die Vereinbarung mit VW ermöglichte einerseits den Bau von Sportwagen auf Basis des Käfers und deren Vertrieb über Volkswagen und machte andererseits den PS-Clan zu Generalimporteuren aller VW-Produkte für Österreich. »Die Garantie des Alleinimports von VW nach Österreich für die österreichische Piëch-Porsche-Firma war damals eher ein Schnäppchen am Rande«, schreibt Ferdinand Piëch in seinen Erinnerungen. »Keiner konnte die Größenordnung der zukünftigen Entwicklung wirklich absehen.«



## *Übersiedelung nach Salzburg*

Zwei Jahre nach seiner Gründung in Kärnten übersiedelte das neue Porsche-Piëch-Unternehmen nach Salzburg. Die Mozartstadt sollte die Keimzelle der späteren Porsche Holding werden, die knapp 60 Jahre nach ihrer Gründung Österreichs größtes Privatunternehmen und Europas größter Autohändler ist. Der Überlieferung zufolge standen für die erste Werkstätte in Salzburg anfangs nur drei Kisten mit Ersatzteilen zur Verfügung. Als der damalige Salzburger Landeshauptmann von dem neuen Unternehmen hörte, soll er gesagt haben: »Was, Autos woll'n s' reparieren? Es gibt doch keine!« Heute, mehr als fünf Jahrzehnte nach dieser automobilen Pioniertat, wird in der Salzburger Stadtpolitik darüber gestritten, ob der erste Porsche-Standort an der Alpenstraße – heute umfasst er in erster Linie Werkstätten und Verkaufsräume – in den südlichen Grüngürtel der Stadt erweitert werden darf oder ob es nicht besser wäre, die Betriebsgebäude abzusiedeln.

Am Beginn der Tätigkeit des österreichischen Handelsunternehmens ging es natürlich in erster Linie um den Käfer. Am 16. Mai 1949 wurden die ersten 14 Stück über die Schweiz nach Salzburg geliefert, acht davon waren für den Verkauf bestimmt, die restlichen waren Vorführmodelle. Der erste in Österreich verkaufte Käfer ging übrigens an den Wiener Viktor Piatnik, den bekannten Hersteller von Spielkarten. Mit privaten Kunden war zu diesem Zeitpunkt aber noch kein großes Geschäft zu machen, also konzentrierte man sich auf die öffentliche Hand. Als erster großer Erfolg konnte die Ausstattung der Gendarmerie mit Cabrio-Versionen des Volkswagens verbucht werden. Wie es auf der offiziellen Homepage der Porsche Holding so schön heißt, wurde »damals auch noch nicht verkauft, sondern nur in Form von Kompensationsgeschäften geliefert«.

Im Jahr 1949, dem ersten vollen Jahr ihrer Handelstätigkeit, kam die österreichische Porsche-Gesellschaft mit dem Betrieb in der Alpenstraße, der Filiale in Gmünd und einer weiteren Niederlassung in Zell am See, in unmittelbarer Nachbarschaft zum Schüttgut, auf knapp mehr als sechs Millionen Schilling Umsatz. Dieser Betrag wird heute durch den Porsche-Konzern innerhalb

weniger Minuten erwirtschaftet, damals handelte es sich aber um eine ganze Menge Geld. Weil sich Ferry Porsche mehr und mehr in Stuttgart engagierte, wurde Anton Piëch 1950 formell zum Geschäftsführer der österreichischen Porsche Konstruktionen GmbH bestellt, der der Fahrzeughandel untergeordnet war. Auch wenn offiziell ihr Mann die Geschäfte führte, war Louise Piëch stets in alle Entscheidungen involviert. Im gleichen Jahr wurde in der Mozartstadt ein erstes zentrales Ersatzteillager in der Lagerhausstraße errichtet, in praktischer Nähe zum Bahnhof. Der Neubau war ein deutlicher Beleg für den wirtschaftlichen Aufschwung des Salzburger Unternehmens.
Neben dem Autogeschäft widmete sich Porsche Österreich in bester Familientradition auch der Konstruktionstätigkeit. Obwohl Ferry Porsche nach Stuttgart zurückkehrte, verblieb in der Alpenstraße eine kleine Gruppe von Technikern, die hier eigenständig entwickelte, aber auch für das neue Werk in Stuttgart zulieferte. So entstanden in den frühen Fünfzigerjahren Turbinen, die in kleine und kleinste Wasserkraftwerke eingebaut werden konnten. Das Konzept war zu einer Zeit, in der gerade gigantische Anlagen wie der Staudamm von Kaprun entstanden, allerdings nicht sonderlich gefragt. Die Originalzeichnungen für die Porsche-Turbinen gingen übrigens später bei einem der zahlreichen Umzüge verloren. Erst in der jüngeren Vergangenheit griff die Idee einer dezentralen Stromversorgung durch viele kleine Kraftwerke wieder vermehrt Platz.

## *Louise Piëch wird zur Chefin*

Inmitten der Aufbauphase wurde die Familie von zwei Schicksalsschlägen getroffen. Ferdinand Porsche starb im Jänner 1951 nach längerem Aufenthalt im Krankenhaus im 76. Lebensjahr in Stuttgart. Ein Jahr später wurde dann Tochter Louise überraschend zur Witwe – Anton Piëch erlag im Alter von 58 Jahren einem Herzinfarkt. Für die Geschwister stellte sich damit die Frage, ob das Salzburger Unternehmen verkauft oder weitergeführt werden sollte. Die beiden trafen eine Entscheidung, die damals von vielen sicher als ungewöhnlich, wenn nicht sogar als unschicklich empfunden wurde: Man entschied sich fürs Weitermachen, und zwar in der Form, dass sich Ferry Porsche um das Sportwagen-Werk in Stuttgart kümmern und Louise Piëch die Geschäfte in Salzburg übernehmen sollte. Louise hatte bereits sieben Jahre zuvor, in der schwierigsten Zeit für die PS-Dynastie, bewiesen, dass sie es verstand, ein Unternehmen zusammenzuhalten. Sie habe sich zwar immer für die Geschäfte ihres Vaters und ihres Mannes interessiert, aber nie daran gedacht, selbst Unternehmerin zu werden, erzählte sie Jahre später in einem Interview. Weil in ihrer Jugend nicht daran zu denken war, dass eine Frau im Autogeschäft tätig sein konnte, hatte die spätere Chefin der österreichischen Hälfte des Porsche-Piëch-Imperiums in Wien Kunstgeschichte und Malerei studiert.

Als Not an der Frau war, stieg die Porsche-Tochter aber doch ins Familienunternehmen ein. Dabei war sie Mutter von vier Kindern, von denen zumindest zwei, nämlich Ferdinand und Hans Michel, noch zu versorgen waren. Und es war damals sicher nicht leichter als heute, Familie und Karriere unter einen Hut zu bringen, auch wenn das nötige Kleingeld für Haushaltshilfen kein Thema war. Ferdinand Piëch erinnert sich an diese Zeit in seiner »Auto.Biographie«: »Ich hatte vor meinem Vater immer Respekt gehabt ... Im Moment seines Todes fiel diese fixe Größe meiner Maßstäbe weg. Ich war damals fünfzehn Jahre alt. Meine Mutter und ich konnten gut miteinander umgehen, aber es fehlte die Ernsthaftigkeit einer gewissen Furcht vor ihr. Ich kassierte hin und wieder die üblichen Ohrfeigen jener Zeit, aber damit richtete sie nicht viel bei mir aus.«



Langjährige Porsche-Mitarbeiter und Familienmitglieder beschreiben Louise Piëch als resolute Person, die immer genau darüber informiert war, was sich in den beiden Unternehmen der Familie abspielte. Seine Mutter sei durchsetzungsfähiger gewesen als sein Onkel, meint Ferdinand Piëch, »trotzdem weit entfernt vom Klischeebild einer Eisernen Lady«; sie habe immer lange zugeschaut, bevor sie einen nötigen Schnitt gesetzt habe, »ich hätte in ihrem Stil des Geschäftslebens nie arbeiten können«. Dennoch galt die Chefin als äußerst entscheidungssicher. Das musste sie auch sein, schließlich hatte sie sich als Frau in einer Männerdomäne durchzusetzen. Und genau das habe ihr Spaß gemacht, verriet sie einmal in einem Fernseh-Interview: »Ich arbeite lieber mit Männern zusammen. Ich glaube, dass Frauen in der Richtung ein bisserl kritisch sind. Ein Mann muss nicht eifersüchtig sein auf das, was eine Frau macht.«

Louise Piëch genoss den Respekt der Branche. Als Tochter Ferdinand Porsches hatte sie aber einen großen Startvorteil mitbekommen. Bereits als kleines Mädchen unternahm sie erste Lenkversuche, später fuhr sie selbst in einem von ihrem Vater konstruierten Mercedes SSK Autorennen und gewann dabei sogar eine Wertungsfahrt. Auch abseits der Rennstrecken liebte sie schnelle Autos, wobei sie stolz darauf war, nur Fahrzeuge aus ihrer Familie gefahren zu haben: vom Käfer ihres Vaters über den 356er und 911er ihres Bruders bis hin zum Audi 80, für den ihr Sohn Ferdinand verantwortlich zeichnete. Louise Piëch verstand nicht nur viel vom Geschäft, sondern auch von Autos und verschaffte sich so den Respekt, den sie brauchte, um mit viel Umsicht die Porsche Holding aufzubauen. Auch nach ihrem Rückzug aus der operativen Geschäftsführung im Jahr 1972 sollte sie die Grande Dame beider Familien bleiben, die in alle wichtigen Entscheidungen eingebunden war – sowohl in Salzburg als auch in Stuttgart.

Bis ins hohe Alter hinein war Louise Piëch bei allen wichtigen Porsche-Events präsent. Und noch mit fast 90 Jahren saß sie bei ganztägigen Mitarbeiter-Veranstaltungen mit am Tisch. Von ihrem Vater hatte sie gelernt, dass man sich mit einem hervorragenden Team umgeben muss, wenn man erfolgreich sein will. Dieses Team gilt es auch zu pflegen: Selbstverständlich kannte

Louise Piëch die gesamte Führungsmannschaft persönlich und beim Namen, zu Weihnachten verschickte sie selbst geschriebene und vor allem selbst gemalte Karten. Es überrascht wenig, wenn noch heute erzählt wird, dass für Louise Piëch die Leitung des österreichischen Porsche-Unternehmens nie eine Arbeit, ein Job war, sondern stets ein persönliches Anliegen. Sie sei eine »Traumfrau« gewesen, die es einfach verstanden habe, mit den Mitarbeitern umzugehen, erinnert sich ein ehemaliger Betriebsrat der Porsche Holding an die »Chefin«.

Mit ihrem Bruder Ferry Porsche verband Louise Piëch zeit ihres Lebens ein enges, wenn auch nicht friktionsfreies Verhältnis. Immer wieder wird die Geschichte erzählt, wie sich die beiden bei einer Feierlichkeit in der Stuttgarter Villa derart in die Haare gerieten, dass sie handgreiflich wurden und die Gäste fluchtartig das Haus verließen. Dabei waren beide damals schon Anfang beziehungsweise Mitte zwanzig. Ferdinand Piëch: »Sie liebten und hassten einander auf dichtere, heftigere Art, als es zwischen Bruder und Schwester üblich ist ... Wenn sie etwas zu reden hatten, mieden sie sowohl den Vater als auch den Ehepartner. Als mein Onkel 1946 aus der Gefangenschaft zurückkam, ging er erst einmal mit seiner Schwester – nicht mit seiner Frau – stundenlang im Garten spazieren, um sein Leid abzuladen.« Diese enge Beziehung zwischen den beiden Geschwistern ist für Ferdinand Piëch auch der Hauptgrund, warum sich die beiden Familienunternehmen trotz der räumlichen Distanz so gut entwickelten.

Ferry Porsche dürfte in seiner um fünf Jahre älteren Schwester auch so etwas wie eine zweite Mutter gesehen haben. Schließlich hat er während seiner Schulzeit bei seiner Schwester und deren Mann auf dem Küniglberg in Wien gewohnt. Ferry selbst schreibt von einer sehr engen Bindung an die Mutter: »Ich war das, was man unter einem Muttersöhnchen versteht. Ich habe meine Mutter sehr geliebt, und das ist eigentlich im weiteren Verlauf meines Lebens immer so geblieben.« Das dürfte auch für seine Schwester gegolten haben.

## *Vom Mittel- zum Großbetrieb*

Als Louise Piëch das Unternehmen übernahm, war es bereits ein Mittelbetrieb mit mehr als 70 Mitarbeitern. Der Aufschwung, der nun folgen sollte, ist zum einen natürlich dem Elan und Geschäftssinn der Porsche-Tochter zu verdanken. Er hängt aber auch damit zusammen, dass die österreichische Bundesregierung im Herbst 1953 bei der alliierten Verwaltung eine Liberalisierung der Einfuhr von Autos durchsetzen konnte. Dadurch stieg der Verkauf des Käfers sprunghaft an: von nicht einmal 800 Stück im Jahr 1952 auf mehr als 2.600 im Jahr 1953.

Ein weiterer Mosaikstein im großen Erfolgsbild ist die Strategie, von Anfang an neben dem Verkauf auch einen gut funktionierenden Kundendienst zu etablieren. Unterhält man sich heute mit einem Autohändler, der zusätzlich eine Werkstätte betreibt, wird rasch klar, wo die Gewinne gemacht werden: jedenfalls nicht im Handel. 1954 wurde die Marke Volkswagen mit 5.218 verkauften Pkw und 25,1 Prozent Marktanteil zum ersten Mal Marktführer in Österreich. Eine Position, die man nur mehr einmal kurz abgeben musste. Seit 1959 ist Volkswagen der unangefochtene Platzhirsch in Österreich.

Der Käfer galt und gilt auch hierzulande als *das* Symbol des Wirtschaftswunders. Die verkauften Stückzahlen kletterten nach oben, und mit ihnen wuchsen auch die Umsätze bei Porsche Salzburg, was sich wiederum in neuen Niederlassungen und Arbeitsplätzen auswirkte. Um zu verhindern, dass ein unübersehbares und damit auch unkontrollierbares Filialnetz entsteht, gründete die österreichische Porsche-Gesellschaft schon in den frühen Fünfzigerjahren eigene Handelsbetriebe, die weitgehend selbstständig agierten und bilanzierten. Als erste Niederlassung wurde jene in der Alpenstraße in Salzburg in die Selbstständigkeit entlassen. Gelenkt wurde der Konzern, der bereits damals eine Holding-Struktur annahm, aber von der Chefin, von Louise Piëch, mit einer Hand, die sowohl weiblich zart als auch eisenhart sein konnte.

1956 gingen die Geschäfte bereits so gut, dass in der Stadt Salzburg eine zweite Niederlassung eröffnet werden musste. Das neue Kundendienstzentrum beim Bahnhof, dem auch eine Werkstätte angeschlossen war, wurde später als »Porschehof I« bezeichnet, womit es sich von später errichteten Gebäuden unterschied. Drei Jahre später wurde ein Filialbetrieb in Wiener Neustadt eröffnet: Die Porsche Interauto GmbH, die Einzelhandelstochter der Porsche Holding, hatte ihren ersten Schritt über die Grenzen Salzburgs gemacht. Leiter in Wiener Neustadt war Ernst Piëch, der älteste Sohn der Chefin. Er sollte in Niederösterreich seine ersten wirtschaftlichen Erfahrungen sammeln, später stieg er zum Co-Geschäftsführer seiner Mutter auf.

Die Sechzigerjahre waren für Porsche Österreich eine Zeit steten Wachstums: 1961 wurde in der Zentrale in Salzburg die Zulassung des einhunderttausendsten Käfers in Österreich gefeiert. Volkswagen hatte damals einen Marktanteil von 28 Prozent, gefolgt von Fiat mit 16,8 Prozent und General Motors (Opel) mit 14,8 Prozent – der Respektabstand war also deutlich. 1962 war es bereits wieder an der Zeit, die Zentrale in der Salzburger Innenstadt auszubauen. Auf dem neuen »Porschehof II« prangte ein riesiges blaues VW-Zeichen, das deutlich signalisierte, wer hier die Nummer eins auf dem Automarkt war. Es folgte der Bau von neuen Einzelhandelsbetrieben in Zell am See, Saalfelden, Hallein, Kapfenberg, Wien, Klagenfurt, Villach und Wolfsberg. Und man begann das Autogeschäft ganzheitlich zu sehen und zu betreiben: 1962 wurde der Leihwagendienst aufgenommen, vier Jahre später startete das Leasing-Geschäft. Einen eigenen VW-Versicherungsdienst betrieb man bereits seit dem Jahr 1953. 1987 wurden aus dem Leihwagendienst und dem Versicherungsdienst dann die Porsche Bank AG und die Porsche Versicherungs AG.



Die Sechzigerjahre waren auch jene Zeit, in der Porsche Österreich durch seine Motorsport-Aktivität die Aufmerksamkeit der großen, an Autos interessierten Welt auf sich lenkte. Es entstanden Formel-Vau-Rennwagen, die für Furore sorgten. Die Fahrzeuge entstanden unter der Ägide von Ernst Piëch auf Basis des Käfers. Mit ihnen sollte dem alternden Volkswagen ein neues, sportliches Image verliehen werden. Einer der Lenker war eine Zeit lang ein damals noch blutjunger Rennfahrer namens Jochen Rindt, der auf den Bahamas Rennerfolge feiern konnte. Er sollte später Österreichs erster Formel-1-Weltmeister werden, allerdings postum. Jochen Rindt starb am 5. September 1970 beim Training für den Grand Prix in Monza.

Außerdem trumpfte das Salzburger Porsche-Rennteam mit dem Porsche 908 und dem 917 unter Rennleiter Ferdinand Piëch auf dem Nürburgring, in Watkins Glen im US-Bundesstaat New York und in Le Mans auf. Damals gab es zwei Porsche-Rennteams: eines aus Stuttgart und eines aus Salzburg, dessen Boliden auf dem oberen Rand der Frontscheibe den Schriftzug »Österreich 1« und »Österreich 2« trugen. Es war einer dieser Wagen aus Salzburg mit Hans Herrmann und Richard Attwood am Steuer, dem 1970 der erste Porsche-Gesamtsieg in Le Mans gelang. Jahre später sorgten neben den Porsche-Rennwagen noch die Rallye-Käfer für enormes Aufsehen, als sie bei der Elba-Rallye siegten.

Was heute nicht mehr allgemein bekannt ist: Das Renn-Engagement der beiden Porsche-Unternehmen erfolgte nicht nur aus Eigeninteresse. Der VW-Konzern zahlte große Summen als Unterstützung für die Porsche-Teams. Die Boliden aus Stuttgart und Salzburg sollten demonstrieren, dass das Prinzip des luftgekühlten Heckmotors, wie er auch im Käfer eingebaut war, jenem des wassergekühlten Antriebs ebenbürtig, wenn nicht sogar überlegen war.

## *Die erste Volkswagen-Krise*



1972 wurde der Käfer Produktionsweltmeister und löste damit endgültig die »Tin Lizzie« von Ford ab. Die Freude im Hause Volkswagen über diesen historischen Erfolg konnte jedoch nicht

darüber hinwegtäuschen, dass es endlich Zeit war, einen geeigneten Nachfolger auf den Markt zu bringen. Die Verkaufszahlen stagnierten, teilweise waren sie sogar schon rückläufig. In Österreich gelang des dem Porsche-Handelshaus mit viel Anstrengung im Bereich des Marketing, noch einmal einen neuen Verkaufshöchststand für den Käfer zu erreichen. Die österreichische Vertriebsorganisation bekam aber bereits deutlich die Schwächen des Volkswagen-Programms zu spüren. Der Käfer wurde nur unzureichend durch die Modelle der neuen »Audi NSU Auto Union AG« ergänzt, die Volkswagen im Jahr 1965 aufgekauft hatte. Alle Hoffnungen richteten sich bereits auf die neue Modellgeneration mit Passat, Golf, Scirocco und Polo. In dieser Phase konnte Porsche Austria 1972 den Vertrieb für Audi übernehmen und so die schwierige Zeit bis zur Einführung der neuen VW-Typen überbrücken.
Die Probleme der Volkswagen AG, die auch auf ihre Händler überschwappten, kamen für Porsche Austria zu einer denkbar schlechten Zeit. Der Beginn der Siebzigerjahre brachte für die Porsche AG in Zuffenhausen und das Porsche-Handelshaus in Österreich eine Zäsur. Die Führung ging von den Familien auf externe Manager über. Neben der Volkswagen-Krise musste man sich also auch mit sich selbst beschäftigen.

## 11. Der Rückzug aus dem Management

Nach dem Tod ihres Vaters standen Ferry Porsche und Louise Piëch gleichberechtigt an der Spitze der beiden familieneigenen Unternehmen. Die Idee war folgende: In Stuttgart und damit in der Sportwagenschmiede sollte ein Porsche – vorerst in der Gestalt von Ferry – regieren, in Salzburg, also im Handelsunternehmen, ein Piëch. Diese Funktion konnte Anton Piëch nur für kurze Zeit übernehmen. An seine Stelle trat 1952 Louise. In der zweiten Generation, zwischen Ferry Porsche und Louise Piëch, funktionierte diese paritätische Aufteilung weitgehend problemlos – abgesehen von einigen kurzen, aber heftigen Streiten zwischen den Geschwistern. Die hatte es aber auch schon zuvor gegeben.

Als dann Ende der Sechzigerjahre die dritte Generation begann, an die Spitze der Unternehmen zu streben, begann das Prinzip der familiären Gewaltenteilung mehr und mehr zu wanken. Die gewünschte Trennung der Einflusssphären war durchlässig geworden, zu viele Nachfahren drängten in die Firmen, wobei die Autofabrik in Stuttgart das begehrtere Ziel war. Anfang der Siebzigerjahre waren vier von acht Vertretern der dritten Generation in Spitzenpositionen in der Porsche-Autofabrik und im Porsche-Handelshaus tätig: Ernst Piëch leitete gemeinsam mit seiner Mutter als Co-Geschäftsführer das Salzburger Unternehmen; in Stuttgart waren Bruder Ferdinand für die Entwicklung und die Cousins Ferdinand Alexander und Peter Porsche für Design beziehungsweise Produktion zuständig. »Zu viele kleine und große Chefs«, gibt Ferdinand Piëch in seiner »Auto.Biographie« selbst zu.

Zu viele Köche verderben ja bekanntlich den Brei. Probleme waren vorprogrammiert und stellten sich auch prompt ein. Ferdinand Piëch: »Die Spannungen gingen kreuz und quer: zwischen den Senioren und Junioren, innerhalb der jungen Piëchs und der jungen Porsches und zwischen den Piëchs und Porsches. Es gab Bündnisse und Neigungen, good vibrations und weniger good vibrations und jedenfalls ein großes Durcheinander.« Der Verfasser hat ja bereits erwähnt, wie einst Ferry und Louise einander nichts schenkten und so heftig stritten, dass Gäste fluchtartig das Haus verließen. Jetzt kämpfte Ferdinand Piëch mit seinem Cousin Peter Porsche um technische Grundsatzfragen wie Hubraum oder Drehzahl derart unnachgiebig, dass die fachlichen Differenzen ins Persönliche abglitten und in einen »Stuttgarter Erbfolgestreit« (Piëch) ausarteten. Denn darum ging es letztlich: Wer sollte nach dem Rückzug der Geschwister Ferry und Louise – beide waren damals bereits jenseits der sechzig – in Stuttgart und Salzburg das Sagen haben?

Die Schuld am Streit, wenn man es denn so sehen will, lag zu einem Teil auch bei den beiden Seniorchefs. Sie hatten versucht, ihre Kinder so bald als möglich in die Unternehmen einzubinden. Aus diesem Grund hatten sie bereits in den Sechzigerjahren das gesamte Imperium in zehn gleiche Teile geteilt: Je zehn Prozent behielten sie selbst, jedes Mitglied der dritten Generation bekam ebenfalls zehn Prozent übertragen. Daher war es der jungen Generation gar nicht zu verübeln, dass sie ins Geschäft und an die Spitze drängte. Sie hatte schließlich alles Recht dazu.

Die beiden Seniorchefs entschieden sich angesichts der unerträglichen Situation für eine radikale Lösung: Sie engagierten einen Spezialisten für Gruppendynamik und zitierten sämtliche Mitglieder der beiden Familien im Herbst 1970 zu einer Krisensitzung auf das heimatliche Schüttgut. Diese Form der Therapie wurde hier übrigens zum ersten Mal in einer Großfamilie angewandt. Trotzdem wollte der Friede nicht einkehren: »Es war eher eine Satire auf gut gemeinte Bemühungen«, erinnert sich Ferdinand Piëch, »wir gerieten uns voll in die Wolle.« Daher schien im Sommer 1971 für alle Gesellschafter nur mehr eine Lösung sinnvoll: Alle Mitglieder der Familien sollten sich aus der operativen Leitung der Familienunternehmen zurückziehen. »Nachdem ich

festgestellt hatte, dass die erforderliche Harmonie in der Zusammenarbeit nicht herzustellen war, zog ich die Konsequenz und sagte: Dann kommt eben keiner an die Spitze«, schreibt Ferry Porsche dazu in seinen Erinnerungen. Auch wenn er hier verbal auf den Tisch klopft: Der Austritt aus dem aktiven Management musste einstimmig erfolgen, da es ja zehn gleichberechtigte Gesellschafter gab. Als Termin für den Rückzug wurde der 1. März 1972 festgesetzt. Dieser Beschluss galt sowohl für den deutschen als auch für den österreichischen Teil des PS-Imperiums.
Die Entscheidung, die Familienbetriebe in fremde Hände zu legen, fiel sowohl Louise und Ferry als auch der jungen Generation schwer, und der Umsetzung gingen einige kleinere und größere Konflikte voran. Schließlich mussten die jungen Porsches und Piëchs ihre Lebensplanungen nun völlig neu erstellen. Ferry Porsche war von der jungen Generation enttäuscht, weil sich seiner Meinung nach kein Nachfolger wirklich aufdrängte, der die beiden Unternehmen in der Tradition der Familie weiterführen könnte. Seinen ältesten Sohn Ferdinand Alexander hielt Ferry damals noch nicht für reif genug, ein Unternehmen zu leiten. Besonders hart ging er mit seinem Neffen Ferdinand Piëch ins Gericht, der für viele als der logische Nachfolger galt. Ihm warf er vor, zu viel Geld in den teuren Rennsport stecken zu wollen: »Die schönsten Rennerfolge lassen sich nur dann realisieren, wenn die Produktion verkäuflich ist und uns keine roten Zahlen beschert. In den roten Zahlen kann ich mir die Rennerei nicht erlauben.« Als Techniker dürfe man nicht irrealen Ideen nachhängen, davon könne eine Firma nicht leben. Nachsatz: »Das hatte damals eben auch Ferdinand Piëch nicht verstanden.«
Der solcherart Kritisierte wollte im Gespräch mit dem Autor das nicht unkommentiert stehen lassen: »Unter Nordhoff und Lotz sollten die letzten Jahre des Käfers durch erfolgreiche Rennwagen mit Luftkühlung unterstützt werden. Deshalb war Volkswagen bereit, zwei Drittel der Rennkosten zu übernehmen. Volkswagen vergaß aber, die Summe im Vertrag mit Porsche zu deckeln,

und ich nützte die nach oben freie Grenze für den Bau des 917er aus. Erst mit Leiding als VW-Chef wurde der Rennvertrag gekündigt und der Entwicklungsvertrag auf ein Audi-Coupé, den späteren Porsche 924 beschränkt. VW arbeitete intensiv am wassergekühlten Golf I und brauchte die Vorherrschaft der Luftkühlung nicht mehr. Mein Onkel und ich hatten unter vier Augen stets Einigkeit über Modell- und Rennpolitik. Ohne seine Unterschrift hätte ich kein einziges Großprojekt in Angriff nehmen können.«

So ganz aus der Hand gab das Geschwisterpaar Louise und Ferry das Heft aber auch nach dem Rückzug aus dem Management nicht. Ferry Porsche behielt als Aufsichtsratsvorsitzender ein Büro gleich gegenüber der neu bestellten Vorstände. Und Louise Piëch sicherte sich als Geschäftsführerin der Porsche Holding GmbH gegenüber den neu bestellten »Generalbevollmächtigten« ab. In der Branche wurde wiederholt über das Salzburger Management gewitzelt: Dieses würde zwar gut gefüttert, müsse aber auch mit Haut und Haar für die Familie da sein. Auch die junge Generation hatte mit der Neuordnung der Unternehmen so ihre Probleme. 30 Jahre nach dem Erbfolgekrieg ließ Ferdinand Piëch in seiner »Auto.Biographie« keinen Zweifel daran, dass er zumindest die Porsche AG gern gemeinsam mit seinem Lieblingscousin F. A. übernommen hätte: er zuständig für die Motoren, F. A. für das Design.

Wie schmutzig die Wäsche gewesen sein muss, die damals in den Häusern Porsche und Piëch gewaschen wurde, zeigt sich nicht zuletzt in der »Auto.Biographie« Ferdinand Piëchs. Darin sieht sich der mächtige Automanager veranlasst zu dementieren, er habe aus Verbitterung über den Rückzug der Familie aus dem operativen Geschäft im Sommer 1972 eine Affäre mit Marlene Porsche begonnen, der geschiedenen Frau seines Cousins Gerd. Tatsächlich lebten Marlene Porsche und Ferdinand Piëch in der Folge zwölf Jahre lang zusammen. So lange, bis sich der 47-jährige Piëch in das 25-jährige Kindermädchen der beiden gemein-

samen Kinder verliebte und dieses später auch heiratete. Die Beziehung zu Marlene Porsche sei kein aus Rache ersonnener Plan gewesen, hält Piëch fest. Und sie muss ziemlich turbulent gewesen sein: Piëch zeugte nebenbei noch zwei Kinder, auch Marlene Porsche nahm sich ihre Freiheiten. Sie sei mit Managern gut bekannt gewesen, mit denen er arbeiten musste, was für Hochspannung gesorgt habe, umschreibt Piëch dezent das offene Verhältnis. Mit seiner Beziehung zur geschiedenen Gattin seines Cousins hat sich der spätere Volkswagen-Boss für Jahre selbst aus dem inneren Kreis der PS-Dynastie entfernt.
Auch wenn Ferdinand Piëch gern die Porsche AG geführt hätte, so dürfte die Entscheidung, sämtliche Familienmitglieder aus der Unternehmensleitung zu drängen, doch eine richtige gewesen sein. Das zeigen schon die nackten Zahlen: Allein in den ersten fünf Jahren des dritten Jahrtausends ist der Börsenwert der Sportwagenschmiede auf das 14-Fache angestiegen. Der Rückzug aus dem aktiven Geschäft habe die Attraktivität für familienfremdes Management erhöht und auf lange Sicht den Bestand beider Unternehmen gesichert, sagt Ferdinand Piëch. Und auch ihm selbst und seinem Lieblingscousin F. A. hat der Rückzug letztlich beruflich nicht geschadet: Piëch brachte es bis zum Vorstandsvorsitzenden der Volkswagen AG, F. A. Porsche war als Designer mit seinem eigenen Studio in Zell am See äußerst erfolgreich.

*In Gmünd konnte Ferry Porsche seinem Vater die ersten Exemplare des Porsche 356 präsentieren. Bild: Porsche AG.*

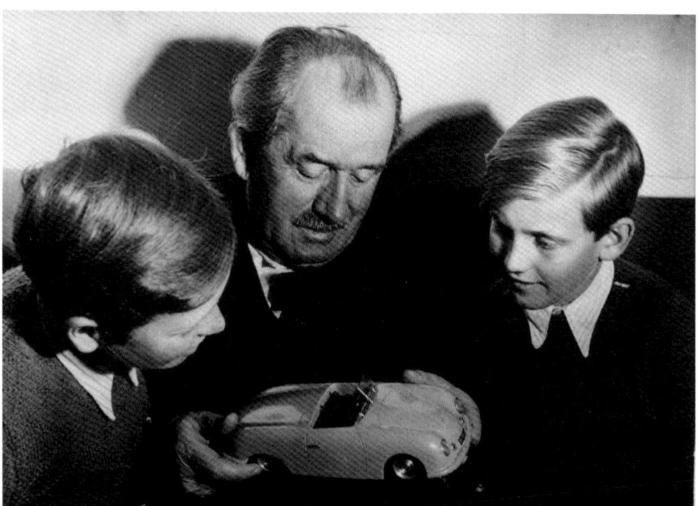

*Ferdinand Porsche mit seinen beiden berühmtesten Enkelkindern: Ferdinand Alexander Porsche (l.) sollte einst den 911er konstruieren, Ferdinand Piëch das Ruder bei Volkswagen übernehmen. Bild: Porsche AG.*

*1949 verlegten die Geschwister Louise Piëch und Ferry Porsche ihr Unternehmen nach Salzburg. Von dort aus wurden die ersten Käfer ausgeliefert. Bild: Porsche Holding.*

*Mit dem 911er schuf Ferdinand Alexander Porsche ein Design für die Ewigkeit und sicherte damit endgültig den Kultstatus der Marke Porsche. Bild: Porsche AG.*

*Louise Piëch war Zeit ihres Lebens eine begeisterte und auch schnelle Autofahrerin. Stolz erzählte sie einmal, sie sei immer nur Autos ihrer Familie gefahren. Bild: Porsche Holding.*

*1970 gelang dem Rennteam von Porsche Austria mit Hans Herrmann und Richard Attwood am Steuer der erste Porsche-Gesamtsieg in Le Mans. Im Bild: Das Siegerteam mit Rennleiter Ferdinand Piëch (Bildmitte mit schwarzem Sakko und weißer Armbinde). Bild: Porsche Holding.*

*Das Schüttgut ist seit Anfang der Vierzigerjahre der Sitz der PS-Dynastie. In der kleinen Kapelle sind Ferdinand Porsche und seine Kinder Ferry Porsche und Louise Piëch begraben. Bild: Fürweger.*

*Die Geschwister Louise Piëch und Ferry Porsche machten aus dem väterlichen Konstruktionsbüro eine Autofabrik und ein erfolgreiches Autohandelshaus. Bild: Porsche AG.*

*Wendelin Wiedeking steht seit 1992 an der Spitze der Porsche AG. Er hat den Sportwagenbauer aus einer tiefen Krise geführt und zum lukrativsten Autokonzern der Welt gemacht. Bild: Porsche AG.*

*Wolf-Dieter Hellmaier steht als Geschäftsführer der Porsche Holding Europas größtem Autohändler vor. Bild: Porsche Holding.*

*Ferdinand Piëch ist das wohl bekannteste, aber auch umstrittenste lebende Mitglied der PS-Dynastie. Er wurde von einer Jury zum »Automanager des Jahrhunderts« gewählt. Bild: Volkswagen AG.*

*Nur selten treten Mitglieder der PS-Dynastie in der Öffentlichkeit auf. Hier führte Wolfgang Porsche (r.) gemeinsam mit dem Bürgermeister von Zell am See, Georg Maltschnig, den offiziellen Spatenstich für das »Ferry Porsche Congress Center« durch. Bild: Salzburger Woche/Erwin Simonitsch.*

*Hans Michel Piëch ist derzeit Sprecher seines Familienzweiges. Bei ihm laufen alle wichtigen wirtschaftlichen Fäden zusammen. Bild: Porsche Holding.*

*Oliver Porsche gilt als mögliche Führungsfigur seiner Familie. Er hat die PS-Dynastie schon wiederholt bei wichtigen öffentlichen Auftritten repräsentiert. Bild: Porsche AG.*

*Daniell Porsche ist das soziale Gewissen seiner Familie. Er ist Kritiker eines ausufernden Kapitalismus und finanzierte aus der eigenen Tasche in Salzburg den Bau einer Schule für benachteiligte Kinder. Bild: Stefan Tschandl.*

*Die Zentrale von Porsche Romania in Bukarest: Rumänien ist drauf und dran, sich zum zweitwichtigsten Markt für die Porsche Holding zu entwickeln. Bild: Porsche Holding.*

TEIL III:

# DIE GENERATION DER NACHKOMMEN

# 12. Die Porsche AG unter fremder Führung

Ferry Porsche und Louise Piëch haben die Zuffenhausener Autofabrik zu einem denkbar schlechten Zeitpunkt in fremde Hände gelegt. Auch wenn es die Familien nicht wahrhaben wollten: Das Unternehmen befand sich in einer tiefen strukturellen Krise, wobei man jetzt trefflich darüber diskutieren könnte, ob diese Auslöser oder Ergebnis der familiären Streitigkeiten war oder mit diesen gar nichts zu tun hatte. Wie auch immer: Anfang der Siebzigerjahre lebte die Porsche-Autofabrik noch immer weitgehend von einem einzigen Typ, der nun nicht mehr 356, sondern eben 911 hieß. Ein zweites Modell, der Typ 914, der 1970 auf den Markt gekommen war, entpuppte sich als wirtschaftlicher Reinfall.

## *Probleme ohne Ende*

Der 914er, ein Sportwagen mit Mittelmotor, war eine Co-Produktion zwischen Porsche und Volkswagen – Ferry Porsche und Heinrich Nordhoff wollten die alte Partnerschaft wieder aufleben lassen. Dieses Ansinnen sollte sich allerdings als nicht sonderlich fruchtbar erweisen. Der 914er war nämlich weder Fisch noch Fleisch. Das Design war neu, Fahrwerk und Lenkung stammten vom 911er, nur war der 914er wesentlich kleiner. Der Motor kam von Volkswagen und ließ daher jenen Porsche-Sound vermissen, den Liebhaber der Autos aus Zuffenhausen so schätzen. Später gab es noch einen 916er mit Porsche-Motor, der allerdings nur in geringer Zahl erzeugt wurde.



Der 914er kam 1970 auf den Markt. Bereits ein Jahr später hätte sich Volkswagen am liebsten wieder von dem Projekt verabschiedet. Allerdings war schon eine gemeinsame Vertriebstochter in Ludwigsburg gegründet worden. Dennoch sollte der 914er nur

bis 1976 produziert werden. Volkswagen hatte sich bereits 1974 aus der Vertriebsgesellschaft zurückgezogen. Porsche übernahm den Standort in Ludwigsburg zur Gänze für den eigenen Verkauf.
Ein weiterer Typ, der 924er, der ab 1975 im Audi-Werk in Neckarsulm produziert wurde, erwies sich zwar als Verkaufschlager, allerdings nicht in Europa, sondern nur in den USA. Die Vereinigten Staaten waren der Hauptmarkt für die Porsche AG. Als dann das Währungsgefüge durcheinandergeriet, erwies sich der 924er als unverkäuflich. Das Auto war ursprünglich im Auftrag der Volkswagen AG entwickelt worden. Als man 1972 den Prototyp abgab, war jedoch gerade die Energiekrise ausgebrochen, und VW konnte mit einem Sportwagen nichts anfangen. Also handelte sich die Porsche AG das Recht aus, den Wagen unter eigenem Namen auf den Markt bringen zu können. Der 924er war ebenfalls eine Gemeinschaftsproduktion: Audi lieferte Motoren und Getriebe; Achsen, Fahrwerk und Teile der Karosserie kamen von Volkswagen. Ein richtiges Porsche-Feeling wollte auch am Steuer des 924er nicht aufkommen.
In den Siebzigerjahren wurde noch ein dritter Porsche-Sportwagen entwickelt, und zwar der 928er. Hier war Eile geboten: In den USA standen schärfere Abgasbestimmungen ins Haus. Die Porsche-Techniker fürchteten, diese mit dem motorischen Konzept des 911ers nicht erfüllen zu können. Daher entwickelte man so rasch als möglich einen reinen Porsche-Sportwagen, den Typ 928. Weil die Porsche AG nicht über genügend Mittel verfügte, bat man die Porsche Holding aus Österreich um Hilfe. Diese übernahm die Hälfte der Anteile des französischen Porsche-Importeurs Sonauto. Der Erlös floss in die Entwicklung des 928ers. Die beiden Unternehmen waren also auch nach dem Rückzug der Familienmitglieder aus dem Management noch immer eng verbunden.
Der 928er wurde ab Mai 1977 produziert und war als Nachfolger für den 911er vorgesehen. Konsequenterweise wurde die Pro-

duktion des bisherigen Erfolgsmodells zurückgeschraubt. Allerdings erwies sich auch der 928er als Niete: Das Auto hatte wenig mit einem temperamentvollen Sportwagen gemein und war zudem in der Erhaltung sehr teuer, weil der Benzinverbrauch enorm war. Selbst Ferry Porsche äußert sich in seinen Lebenserinnerungen negativ über das Modell: »Der 928 war nicht das richtige Fahrzeug, um den 911er ablösen zu können. Das konnte man drehen und wenden, wie man wollte.« Dennoch wurde der Typ bis 1995 erzeugt. Der 911er konnte die Abgaswerte in den USA übrigens zu jeder Zeit einhalten.

Drei Modelle innerhalb weniger Jahre, die sich alle mehr oder weniger als Flop entpuppen sollten. Millionen und Abermillionen in den Sand gesetzt, und kein Nachfolger für den in die Jahre gekommenen Typ 911 in Sicht. Die Entwicklungsabteilung der Porsche AG hatte ihre Hausaufgaben gründlich vermasselt. Es ist daher kein Wunder, dass der Vorstandsposten ein wenig bedankter war. Als erster Vorstandsvorsitzender, der nicht aus der Familie stammte, trat 1972 Ernst Fuhrmann an. Auf ihn folgten der Deutschamerikaner Peter Schutz (1981), der Finanzexperte Heinz Branitzky (1988) sowie Arno Bohn (1990), der aus der Computerbranche kam. Sie alle schafften es nicht, den Porsche-Sportwagen wieder flottzumachen: Die Absatzzahlen waren alles andere als berauschend, kurzzeitig stand sogar ein kompletter Verkauf des Unternehmens zur Debatte.

Es spricht für die Porsche AG, dass trotz oder vielmehr gerade wegen der Krise noch immer Meilensteine in der Automobiltechnik gesetzt wurden: Bereits 1974 wurde etwa zum ersten Mal ein Turbo eingebaut, und zwar in den 911er, womit praktisch eine neue Ära im Automobilbau begann. Im selben Jahr setzte Porsche als erster Hersteller serienmäßig feuerverzinkte Karosserien ein. Schon ab 1986 – lange vor den meisten anderen Autoherstellern – rüstete Porsche seine Autos serienmäßig mit Dreiwege-Katalysatoren aus. Drei Jahre später wurde im 911 Carrera 2 die Tiptronic-Technik eingesetzt: ein Viergang-Automatikge-

triebe, das entweder manuell (lastschaltbar) oder wahlweise als Vollautomatik einsetzbar ist.
Trotz hochwertiger Technik kamen die Absatzzahlen nicht auf Touren – es fehlte einfach ein neues Erfolgsmodell. Die Probleme der Sportwagenschmiede begannen sich mit dem Absturz des Dollarkurses im Jahr 1987 zu einer Krise auszuwachsen, die im Geschäftsjahr 1991/92 ihren Höhepunkt erreichte. Im Jänner 1991 verkaufte man etwa in den USA, dem wichtigsten Markt der Porsche AG, gerade drei (!!!) Autos. Damals betrug der Verlust 66 Millionen Mark. Für das darauffolgende Geschäftsjahr sollte die Bilanz noch schlechter aussehen. Schließlich mussten Entwicklungskosten für einen nie produzierten viertürigen Typ 989 in Höhe von 250 Millionen Mark abgeschrieben werden. Das einzige Auto, mit dem sich noch Geld verdienen ließ, war der betagte 911er. »Es war in der Zeit einfach nichts da: keine neuen Modelle, keine neuen Ideen, kein Geld«, erinnert sich ein ehemaliger Porsche-Manager im »manager magazin« an die damals trostlose Situation. Ähnlich deutlich äußert sich Ferdinand Piëch in seiner »Auto.Biographie«: »Es ging längst nicht mehr ums Gesundsparen, dazu war das grundsätzliche Problem schon zu groß. Porsche musste wieder seine klare Bestimmung und seinen Glanz finden, andernfalls war keine Erholung in Sicht.«
Das Drama erreichte seinen Höhepunkt, als Ferdinand Piëch die Ablöse von Ferry Porsche als Vorsitzender des Aufsichtsrats forderte. Das Management stellte sich hinter Porsche und forderte wiederum den Rücktritt Piëchs als Aufsichtsrat. Per Brief ließ Vorstandsvorsitzender Bohn Piëch mitteilen, dessen Funktionen als Porsche-Aufsichtsrat und als Audi-Vorstandsvorsitzender seien unvereinbar. So lässt sich Ferdinand Piëch nicht behandeln – Bohn hatte praktisch seine eigene Kündigung unterschrieben. In der offiziellen Firmenchronik der Porsche AG, die im Internet nachzulesen ist, werden die wirtschaftlichen Schwierigkeiten und die Führungskrise nur einmal kurz angedeutet: »Es bringt bekanntlich nichts, sich nur Ziele zu setzen, sie müssen

auch erreichbar sein. Der Weg zu einer Entscheidung darf kein langwieriger Prozess sein. Hier hat Porsche aus den Fehlern der Vergangenheit gelernt. Heute besitzen wir die notwendige Entschlossenheit, um offen für jede Neuausrichtung zu sein.«

Um diese notwendige Entschlossenheit zu erreichen, musste 1992 erst ein Sanierer her – Arno Bohn hatte nach einem heftigen Streit mit Piëch entnervt das Handtuch geworfen. Seinem potentiellen Nachfolger machten die Porsches und Piëchs ein verlockendes Angebot: fünf Prozent der Vorzugsaktien und damit fast so etwas wie einen Teil der Familienseele. »Daran sehen Sie, wie schlecht es uns ging«, sagte Wolfgang Porsche später einmal dazu. Ende 2006 wäre das Aktienpaket rund 600 Millionen Euro wert gewesen. 1992 hätte von so einer Kursentwicklung wohl nur der überschäumendste Optimist zu träumen gewagt. Als Retter in der Not wurde Wolfgang Reitzle auserkoren. Der damalige Technikvorstand von BMW war zwar durchaus gewillt, das Angebot anzunehmen und Porsche wieder auf Touren zu bringen, er kam aber nicht aus seinem Vertrag mit den Bayern heraus, sodass er schweren Herzens ablehnen musste. Nach dem Ende seines BMW-Engagements sollte Reitzle zuerst die Premium-Group von Ford mit Volvo, Jaguar, Aston Martin und Land Rover und später die Linde AG übernehmen.

## *Der (Ersatz-)Retter in der Not*

Nach der Absage Reitzles warfen die Familien Porsche und Piëch sogar kurzfristig die 1971 getroffene Entscheidung über Bord und versuchten, Ferdinand Piëch trotz seines Streits mit Ferry Porsche in den Vorstand zu hieven. Der erfahrene Automanager, der als technischer Vorstand Audi auf eine völlig neue Bahn gelenkt hatte, lehnte jedoch ab, weil er 1992 als Vorstandsvorsitzender von Volkswagen so gut wie feststand. »Ich entschied mich nicht automatisch für die wesentlich größere Firma«, schreibt er in seinen Erinnerungen: »Der Porsche-Chef war durchaus ein

Posten, der mich reizte, allerdings sah ich deutlich alle Komplikationen eines Familienunternehmens vor mir, sobald die Firma wieder aus dem Gröbsten heraus sein würde. So nahm ich das Porsche-Angebot nicht an, beteiligte mich aber sehr engagiert an der Suche nach dem richtigen Bohn-Nachfolger.« In die engere Wahl kamen schließlich Porsche-Finanzvorstand Walter Gaunert und der nicht gerade im Rampenlicht stehende Produktionsfachmann Wendelin Wiedeking.

Und wieder einmal gab es innerhalb des PS-Clans teils hitzige Diskussionen. Die meisten Mitglieder forcierten den Finanzexperten. Eine Minderheit, der auch Ferdinand Piëch angehörte, trat für Wiedeking ein, der letztlich nach umfangreichen Debatten auch zum Zug kam. Als quasi dritte Wahl musste er sich jedoch mit einem Vertrag ohne Aktienpaket zufriedengeben. Und er wurde nicht gleich zum Vorstandsvorsitzenden, sondern vorerst für ein Jahr nur zum Sprecher des Vorstands bestellt, sodass eine kurzfristige Korrektur möglich gewesen wäre. Wiedeking wird sich wohl insgeheim über diese Behandlung geärgert haben. Er ließ sich aber öffentlich nichts anmerken, sondern ergriff die ihm gebotene Chance und zog Porsche aus der Krise. Innerhalb weniger Jahre machte er aus dem Sorgenkind so etwas wie eine Gelddruckmaschine. Den letzten Anstoß für den Weg nach oben brachte eine Kapitalerhöhung um 200 Millionen Mark im Jahr 1994. Das Geld stammte aus den Privatschatullen der einzelnen Familienmitglieder. »In seltener Eintracht standen die Familien Porsche und Piëch noch einmal zusammen«, schreibt dazu Ferdinand Piëch.

Mit dem neuen Geld und mithilfe japanischer Berater tat Wiedeking das, was er am besten kann. Der Produktionsfachmann modernisierte die Produktion und führte eine bis dahin neue, personalisierte Organisationsstruktur in der Fertigung ein, bei der je ein Mitarbeiter einen gesamten Motor baut. Während in anderen Fabriken die Teile auf Fließbändern vorbeilaufen, begleitet bei Porsche ein Techniker den aufgehängten Motor zu den verschiedenen Stationen entlang der U-förmigen Fertigungslinie. Dabei findet er jeweils die Werkzeuge vor, die er braucht. Auf einem eigenen Transportwagen liegen die notwendigen Teile. Am Ende erhält der fertige Motor die Signatur seines Erbauers.

Der Wehrmutstropfen des neuen Produktionssystems war der vorübergehende Abbau von 20 Prozent der Belegschaft, was aber die Kosten erheblich senkte. Ein eigens entwickeltes Programm reduzierte zudem die Lagerbestände und garantierte effizientere Produktionspläne, mit denen erstmals alle High-Tech-Ressourcen des Unternehmens voll ausgeschöpft werden konnten. Innerhalb kurzer Zeit wurden Fertigungszeiten und Lagerbestände halbiert. Das senkte nicht nur die Kosten, sondern schaffte auch Ressourcen, die eine zuvor nie gekannte Flexibilität ermöglichten. Inzwischen ist in der Fertigungslinie jeder Modellmix von 911er und Boxster möglich.

Apropos Boxster: Der Roadster aus dem Hause Porsche, der kleine Bruder des 911er, kam 1996 auf den Markt. Das Credo des neuen Konzernchefs lautete: Porsche braucht Produkte, um wieder erfolgreich sein zu können. Die Entwicklungszeit betrug nur dreieinhalb Jahre, was in der Autobranche der Gegenwart rekordverdächtig ist. 1993, im Jahre eins der Ära Wiedeking, wurde die erste Studie auf dem Automobilsalon in Detroit präsentiert. Der Schauplatz war nicht zufällig gewählt, sind doch die Vereinigten Staaten der wichtigste Markt der deutschen Sportwagenschmiede. Die Eile, die beim Boxster an den Tag gelegt wurde, zeigt, wie rasch ein neues Modell hermusste. In der Zwischenzeit rettete sich die Porsche AG mit einer Überarbeitung des Porsche 911 Turbo über die Runden. Dazu kam die Lohnfertigung des Audi-Sondermodells RS2.



2002, also erst sechs Jahre nach Einführung des Boxsters, kam dann der Geländewagen Cayenne auf den Markt. Inzwischen hatte sich die Porsche AG erfangen. Mit dem Boxster und in der Folge auch mit dem Cayenne schaffte man es, neue Kundengruppen anzusprechen. Damit konnte die Produktion seit 1995 vervierfacht werden. Die Zahl der Mitarbeiter wurde wieder angehoben, und zwar von 6.800 auf 11.150. Die Produktion vervierfacht, die Zahl der Mitarbeiter nicht einmal verdoppelt: das zeigt, welch schlanke Struktur Wiedeking in der Porsche AG umgesetzt hat. Heute, 15 Jahre nach der Krise, steht das Unternehmen da wie kein zweiter Autoproduzent – nicht zuletzt aufgrund des großen Erfolgs des Geländewagens Cayenne. Mit diesem schickt sich der Nischenproduzent Porsche an, die beiden großen Premium-Marken BMW und Mercedes ernsthaft anzugreifen.

### *»Mr. Porsche« gibt Autogramme*

Der Erfolg der dritten Baureihe wirkte sich nicht nur auf das Unternehmen, sondern auch auf dessen Vorstandsvorsitzenden Wiedeking finanziell positiv aus: Bereits in den Neunzigerjahren handelte er sich einen Vertrag aus, der ein stark vom Ergebnis abhängiges, nach oben offenes Einkommen vorsieht. Sein Salär wird auf 15 Millionen Euro jährlich geschätzt, womit Wiedeking zu den absoluten Spitzenverdienern der Branche zählt. Vielleicht auch deshalb hat er sich 2005 vehement dagegen ausgesprochen, dass die Höhe einzelner Vorstandsgehälter veröffentlicht werden muss. Sollte es dazu kommen, würde der Sozialismus in den Vorstandsetagen Einzug halten, meinte der wortgewaltige Manager. Mittlerweile gibt es aus den Reihen der Eigentümerfamilien verhaltene Kritik, dass Wiedekings Gehalt wohl doch etwas zu hoch sei. Man darf gespannt sein, wie sein neuer Vertrag aussieht – der aktuelle läuft Ende 2007 ab.

Die satten Gewinne der jüngeren Vergangenheit haben den Boss der Porsche AG nicht nur zum reichen Mann, sondern auch zu einem der meistgefeierten Manager Deutschlands gemacht. Wie ein Popstar signiert er bei den Jahreshauptversammlungen Geschäftsberichte und gibt Autogramme. Wiedeking scheint den Rummel um seine Person zu genießen. Er ist – positiv formuliert – Meister der Selbstvermarktung, der sich gern feiern lässt:

Aufsichtsratsvorsitzender Helmut Sihler ernannte Wiedeking einst in einer Rede zum »Mr. Porsche«. »Fast schon überstrahlt die Zweitmarke Wiedeking die Marke Porsche«, meint dazu das »manager magazin« etwas kritisch.
Gleichzeitig ergeht sich die Zeitschrift aber in Bewunderung für die (Selbst-)Vermarktungsqualitäten des Porsche-Bosses: »Wendelin Wiedeking heizt den Kult um seine Person an ... Wer Porsche fährt, ist häufig selbstständig. Auch deshalb gibt Wiedeking den erfolgreichen Selfmademan, den unbequemen Querdenker. Will die Deutsche Börse Porsche zur Veröffentlichung von Quartalszahlen verpflichten, bricht er medienwirksam einen Rechtsstreit vom Zaun. Will die Regierung die Managergehälter offenlegen, wähnt Großverdiener Wiedeking einen späten Sieg des Sozialismus. Erklärt er Politikern die Wirtschaftswelt, drucken die Zeitungen ausführliche Auszüge seiner Rede. Würde Wiedeking für ein politisches Amt kandidieren, er hätte wohl gute Chancen.«
Es darf angenommen werden, dass es so manchem Mitglied der traditionsbewussten und in der Öffentlichkeit zurückhaltenden Familien Porsche und Piëch gar nicht passt, wenn solches geschrieben wird. Anbiederung an die Presse und Starallüren sind dem scheuen PS-Clan aus tiefster Seele zuwider, und um »Mr. Porsche« zu sein, müsste jemand schon Ferdinand oder Ferry heißen. Dazu kommen noch die grundsätzlichen Bedenken, die einzelne Mitglieder schon bei Wiedekings Bestellung geäußert haben. Das leise, aber doch hörbare Murren über Wendelin Wiedeking rührt also nicht nur vom fürstlichen Gehalt des Konzernlenkers her. Solange der gefeierte Manager aber jährlich das Vermögen der Porsches und Piëchs mehrt, dürfte er fest hinter dem Lenkrad der Porsche AG sitzen.



## *Das Davidprinzip*

Die Porsche AG ist wirtschaftlich äußerst erfolgreich, obwohl sie der kleinste noch unabhängige deutsche Produzent ist und auch weltweit zu den kleineren Autofabriken zählt. Diesem Umstand wird im Unternehmen seit der Übernahme des Steuerrads durch Wendelin Wiedeking geradezu gehuldigt. »Das Davidprinzip« lautete der Titel eines Buches, das die Pressestelle des Konzerns zu Wiedekings 50. Geburtstag herausgegeben hat. Darin lässt »Mr. Porsche« seine Jahre bei der Zuffenhausener Sportwagenschmiede Revue passieren und spricht dabei von einer »Geschichte von einem Kleinen, der am Boden lag, sich selber wieder aufstellte ... und die Großen das Fürchten lehrte«.

Auf der offiziellen Homepage des Konzerns heißt es dazu: »Wenn andere Unternehmen schrumpfen müssen, um flexibel zu werden, ist Porsche schon klein. Der Gedanke, dass weniger manchmal mehr ist, wird bei Porsche auf allen Ebenen und in allen Bereichen gelebt. Inzwischen wird das Geheimnis der Schlankheitskur als Weg zum Erfolg über die eigene Beratungsgesellschaft Porsche Consulting auch anderen Unternehmen verraten. Wer einmal den Turnaround geschafft hat, bleibt immer auf dem Sprung. Auch der vermeintlich Kleine wächst an seinen Aufgaben. Porsche ist vielleicht das beste Beispiel dafür ... Das Argument, dass ein kleines Unternehmen seine Überlebensfähigkeit nur sichern kann, wenn es auf den Schultern eines Großen mitgetragen wird, ist generell nicht falsch, kann aber in diesem Fall mit einem Wort widerlegt werden: Porsche. Denn noch hat keiner den Beweis antreten können, dass Größe allein vor Untergang schützt. Ob groß oder klein – das ist in erster Linie eine Frage der Definition. Bei Porsche geht es vor allem darum, dass die Firma überschaubar und flexibel bleibt ... Geld allein macht bekanntlich nicht erfinderisch. Es ist vielmehr der Druck, sich immer wieder gegenüber dem Wettbewerb behaupten zu müssen. Porsche fühlt sich in seiner Rolle als David unter den Goliaths der Welt ausgesprochen wohl.«

## *Zwar ein David, aber doch ein Konzern – die Standorte*

Als Ferry Porsche mit dem Unternehmen von Gmünd nach Stuttgart zurückkehrte, fand er mit einem einzigen Standort in Zuffenhausen das Auslangen. Heute betreibt die Porsche AG in Deutschland mehrere Niederlassungen, und ihre Fahrzeuge lässt sie international produzieren. Die Fertigungstiefe des Unternehmens beträgt offiziellen Angaben zufolge 20 Prozent. Das heißt, ein Fünftel jedes Porsches wird auch tatsächlich im Hause Porsche gebaut, der Rest stammt von Zulieferern.

Stammsitz des Unternehmens ist nach wie vor Stuttgart-Zuffenhausen. Ein Teil des Gehirns der Porsche AG sitzt aber mehrere Kilometer außerhalb der schwäbischen Metropole in der 7.700-Einwohner-Gemeinde Weissach im Heckengäu (Landkreis Böblingen). Hier, wo sich ansonsten der sprichwörtliche Fuchs und Hase Gute Nacht sagen, befindet sich seit 1971 das Entwicklungszentrum des Konzerns, in dem heute 2.500 Mitarbeiter beschäftigt sind, darunter 1.600 Ingenieure. Die Geschichte des Standorts ist jedoch älter: Schon 1961 begann Porsche hier im Nirgendwo mit dem Bau einer Teststrecke.

In Weissach werden mittlerweile mehr als 3.500 weltweit gültige Patente verwaltet, jährlich kommen rund 100 neue hinzu: »Ohne die Abgeschiedenheit Weissachs vom hektischen Trubel wäre den Porsche-Entwicklern vielleicht nicht all das eingefallen, was die Porsche-Faszination ausmacht«, wird in der »Stuttgarter Zeitung« ein Ingenieur zitiert, der seit der ersten Stunde dabei ist. Das Forschungszentrum, dessen Errichtung die Handschrift Ferry Porsches trägt, ist die logische Weiterentwicklung des ehemaligen Porsche-Konstruktionsbüros – nur eben mit anderen Mitteln und in einer anderen Dimension.



In der kleinen Gemeinde werden sämtliche Verbesserungen der bestehenden Modelle ausgetüftelt, die Sportwagen der Zukunft entwickelt und getestet: 180 Prototypen zerschellen jährlich bei Crashtests. Das Dach eines Porsche-Cabriolets etwa muss in einer Klimakammer bei extremer Hitze, bei Raumtemperatur und bei minus zehn Grad insgesamt 6.000-mal geöffnet und geschlossen werden, Seitenscheiben werden 40.000-mal rauf- und runtergefahren, Türen 100.000-mal zugeschlagen.

Geforscht und getestet wird aber auch im Auftrag Dritter. Das ermöglicht es der Porsche AG, ein Entwicklungszentrum von einer Größe zu betrieben, die man sich allein nie leisten könnte. Ein Drittel der Belegschaft soll im Rahmen der Porsche Engineering Group für Fremdfirmen tätig sein. Namen von Kunden, die hier Motoren, Getriebe, Karosserien oder gesamte Fahrzeuge entwickeln lassen, nennt Porsche prinzipiell nicht. Dennoch sind viele Auftraggeber bekannt geworden: So ließ sich etwa der kultige Motorradhersteller Harley Davidson von der Porsche Engineering Group einen neuen Motor entwickeln. Auch Konkurrent Yamaha ließ die Maschinen seiner kardangetriebenen Bikes im Hause Porsche konstruieren. Weitere Kunden sind Volkswagen, Mercedes, Studebaker, Lada, Daewoo, Opel oder Subaru. »Es gibt wohl keine Marke, bei der Porsche und Weissach nicht irgendwie beteiligt waren«, meint Entwicklungsvorstand Wolfgang Dürheimer gegenüber der »Stuttgarter Zeitung«. Die wohl bekanntesten Entwicklungen der Porsche-Ingenieure für andere Fahrzeughersteller sind der Mercedes-Benz 500 E und der Sportkombi RS2 von Audi.

Das Entwicklungszentrum ist eine kleine Festung, aus der nur wenig heraussickert. Zwar legen sich immer wieder sogenannte »Erlkönig-Jäger« mit Teleobjektiven auf die Lauer, um auf der 2,3 Kilometer langen Teststrecke einen Prototyp, einen Erlkönig, zu erwischen. Die Wagen sind aber so gut getarnt, dass nicht zu erkennen ist, für welchen Hersteller sie gebaut werden. Die Ideenschmiede entwickelt aber nicht nur Automobiles: Bekannt geworden sind etwa Konstruktionen für ein Airbus-Cockpit oder Arbeiten im Sportbereich wie das Kufendesign einer Rennrodel oder die Verbesserung der Fahrdynamik für den deutschen Bahnrad-Vierer. Selbst die Hersteller von Traktoren und Gabelstaplern gehören zu den Auftraggebern der Porsche-Ideenschmiede.

Das Schwergewicht der Produktion liegt nach wie vor auf dem Stammwerk in Zuffenhausen: Hier wird der Porsche 911 gefertigt, hier entstehen auch die Motoren für die anderen Modelle. Das Werk in der schwäbischen Metropole ist aber an die Grenze seiner Kapazität gestoßen – sowohl was die Produktionsmöglichkeiten als auch das Platzangebot betrifft.

Daher hat sich Porsche Ende der Neunzigerjahre in den neuen Bundesländern auf die Suche nach einem neuen Standort gemacht und damit ein hartes Ringen unter den verschiedenen Kandidaten ausgelöst. Geprüft wurden insgesamt 17 Standorte. Bei der Auswahl ist es zumindest offiziell ausschließlich um fachliche Aspekte gegangen. Auf Subventionen hat man bewusst verzichtet – der Freistaat Sachsen hätte etwa 50 Millionen Euro geboten. Luxus und staatliche Förderung passen nicht zusammen, so die Philosophie des Unternehmens. Obwohl man die Subvention des Freistaats dankend abgelehnt hatte, fiel die Wahl im Herbst 1999 dennoch auf einen sächsischen Standort, und zwar auf Leipzig.

Was hat für Leipzig gesprochen? Zum einen sicherlich die zentrale geographische Lage in der Mitte Europas, die kurze Wege zu den Märkten und Lieferanten garantiert. Außerdem hat der traditionell an Innovation und Technik orientierte Freistaat Sachsen viel in Verkehrs- und Kommunikationssysteme investiert. Zudem gibt es ein gutes Bildungsangebot, das für hochqualifizierte Mitarbeiter sorgt, und die Verwaltung agiert im Sinne der Unternehmen unbürokratisch und schnell. Außerdem haben auch die sogenannten weichen Standortfaktoren wie soziales und kulturelles Umfeld, landschaftliche Schönheit und Klima gepasst. Und ein klein wenig wird wohl auch die Tatsache eine Rolle gespielt haben, dass Volkswagen fast zeitgleich ein neues Werk im nur eineinhalb Autostunden entfernten Dresden aufgebaut hat. Damit nimmt Sachsen langsam wieder jene Rolle als Zentrum der Automobilproduktion ein, die es bereits vor dem Krieg innehatte.

Porsche hat in Leipzig 630 Millionen Euro investiert und 800 Arbeitsplätze geschaffen: Auf einem 200 Hektar großen Gelände stehen Europas modernste Fertigungsstätten zur Verfügung, in denen seit Ende 2002 die dritte Baureihe, der Porsche Cayenne, gefertigt wird. Im August 2003 startete zudem die Produktion des Carrera GT, der auf 1.270 Stück limitiert war. Bis Mai 2006 wurden täglich drei dieser Super-Sportwagen in Handarbeit gefertigt.
Porsche-Boss Wiedeking ist mit seinem jüngsten Standort offenbar so zufrieden, dass die Porsche Leipzig GmbH ab 2008 das viertürige Sportcoupé Panamera erzeugen wird, das 2009 auf den Markt kommen soll. Dazu wird der Standort um weitere 120 Millionen Euro ausgebaut; 2.000 Arbeitsplätze sollen bei Porsche und den diversen Zulieferern entstehen. Der Motor des Panamera wird aus Zuffenhausen kommen, die Rohkarosserien soll das Volkswagenwerk in Hannover liefern. Ob die fertigen Modelle auch etwas taugen, kann gleich auf dem weitläufigen Testgelände von Porsche Leipzig getestet werden. Der sechs Kilometer lange Rundkurs enthält 18 Sonderprüfungen – sowohl auf Asphalt als auch auf Geländeuntergrund.
Wegen des großen Erfolges des Boxsters und der Einführung des Cayenne im Jahr 2003 mussten zusätzliche Produktionskapazitäten gesucht werden. Gefunden hat die Porsche AG diese im finnischen Uusikaupunki, wo die Valmet Automotive Inc. nun die Coupé-Version des Boxsters, den Cayman, und seit Kurzem auch den Boxster selbst zusammenbaut. Porsche ist übrigens nicht der erste Kunde des ehemals staatlichen finnischen Stahlwerks, der aus der Autobranche kommt: Hier wurden zuvor bereits Modelle für Saab, Lada, Talbot (etwa der Solara) und Opel (Calibra) gefertigt. Die Motoren und die einzelnen Module werden von Porsche und seinen zum größten Teil deutschen Lieferanten direkt nach Finnland geliefert. Die Produktion aus dem hohen Norden ist vor allem für die Exportmärkte Amerika und Großbritannien bestimmt.

*Porsche steigt bei Volkswagen ein*

Im September 2005 ließ die Porsche AG mit einer Ad-hoc-Meldung die Börse und die Automobilbranche aufhorchen: Der Sportwagenerzeuger wolle verstärkt bei Volkswagen einsteigen, um den angeschlagenen Konzern aufzupäppeln, hieß es. Wenige Tage später war es dann fix: Porsche erhöhte seinen Anteil, der zuvor unter fünf Prozent gelegen war, auf rund 19 Prozent. Damit wurde Porsche größter Eigentümer der Volkswagen AG, noch vor dem Land Niedersachsen, das zu diesem Zeitpunkt 18,2 Prozent hielt. Zudem sicherte man sich eine Option auf weitere 3,9 Prozent. Drittgrößter Aktionär war zu diesem Zeitpunkt übrigens Volkswagen selbst: Das Unternehmen hielt 13 Prozent seiner eigenen Aktien. Dieser Anteil wurde 2005 im Zuge einer Kapitalherabsetzung aufgelöst, sodass sich die Anteile der weiteren Aktionäre automatisch erhöhten.

Die Porsche AG hielt damit 21,2 Prozent. Mitte 2006 kündigte die Porsche AG an, die 3,9-Prozent-Option einlösen zu wollen. Anfang Dezember 2006 hielten die Stuttgarter dann 27,4 Prozent an Volkswagen, und der Aufsichtsrat hatte den Vorstand ermächtigt, die Anteile auf 29,9 Prozent aufzustocken. Damit läge die Porsche AG exakt unter der »magischen« 30-Prozent-Marke, bei deren Überschreitung sie allen anderen Aktionären ein Übernahmeangebot machen müsste. Und das wäre selbst für die erfolgreiche Sportwagenschmiede ein zu großer Brocken. Schon jetzt würde man über die Sperrminorität verfügen, wäre da nicht das Volkswagengesetz aus dem Jahr 1960: Dieses sieht vor, dass kein Aktionär mehr als 20 Prozent der Stimmrechte ausüben kann, unabhängig davon, wie hoch sein Anteil am Konzern tatsächlich ist. Allerdings gehen Experten davon aus, dass diese Regelung nicht mehr lange gelten wird: Bereits im Herbst 2004 brachte die EU-Kommission eine Klage wegen Verstoßes gegen das Wettbewerbsrecht ein. Im Dezember 2006 fand vor dem Europäischen Gerichtshof in Luxemburg eine erste Anhörung statt, bei der sich neben der EU-Kommission auch die Porsche AG für eine Aufhebung des Volkswagengesetzes aussprach. Auf der anderen Seite traten das Land Niedersachsen und die deutsche Bundesregierung für den Fortbestand des Gesetzes ein. Ein Urteil wird erst im Laufe des Jahres 2007 erwartet.

David schluckt Goliath, könnte man zum Einstieg der Porsche AG bei Volkswagen sagen. Schließlich ist die Stuttgarter Autoschmiede ein Zwerg in der Branche, während Volkswagen mit weltweit 345.000 Mitarbeitern der viertgrößte Autoproduzent ist. Dafür gilt die Porsche AG als das bestverdienende Automobilunternehmen weltweit, während die Volkswagen AG Ertragsprobleme hat. Die Erhöhung der Anteile hat sich Porsche drei Mrd. Euro kosten lassen; damit waren fast alle Rücklagen des Konzerns aufgebraucht, aber ein Jahr später fast wieder aufgefüllt.

In der Presse wird durchwegs Ferdinand Piëch als Triebfeder für den Einstieg genannt. Dieser habe damit eine feindliche Übernahme »seines« Volkswagen-Konzerns verhindert, den er lange Jahre als Vorstandsvorsitzender lenkte und in dem er nach wie vor als Vorsitzender des Aufsichtsrats die Zügel in der Hand hält. Innerhalb des PS-Clans hat man mit solchen Meldungen wenig Freude. Schließlich war es nicht Ferdinand Piëch, der die Mehrheit an Volkswagen übernommen hat, sondern die Porsche AG. Und hinter dieser stehen zwei Großfamilien. Außerdem sei die Initiative für das verstärkte Engagement keineswegs von Ferdinand Piëch ausgegangen, stellte dessen Bruder und Familiensprecher Hans Michel Piëch im Gespräch mit dem Verfasser klar: »Die Idee hat Herr Wiedeking gehabt, eindeutig. Als er mit dem VW-Vorschlag gekommen ist und uns auch die Gründe dafür benannte, haben wir das in der Familie gemeinsam beraten. Und auch mein Bruder hat das wohlwollend begleitet, aber sich stets der Stimme enthalten. Er war im Aufsichtsrat der Porsche AG sowohl bei der Beratung als auch bei der Abstimmung über die VW-Beteiligung abwesend. Die strategische Überlegung ist von Stuttgart, von Herrn Wiedeking gekommen.«

Mit dem Einstieg erwies die Porsche AG sowohl der deutschen Politik, allen voran dem Land Niedersachsen, als auch der Belegschaft und der Gewerkschaft einen großen Gefallen: Niedersachsens CDU-Ministerpräsident Christian Wulff lobte das Porsche-Engagement als »große Chance für das Automobilland Deutschland im Hinblick auf Qualität, Image und technische Innovation«. Es ist gerade für ein Industrie-Unternehmen nie von Nachteil, über ein Guthaben bei Politik und Gewerkschaft zu verfügen. Man weiß nie, wann und wozu man es brauchen kann. Auch unabhängige Experten wie der österreichische Industrielle Hannes Androsch lobten den Kauf: »Der Piëch hat schon Recht«, meinte der ehemalige Finanzminister: »Die sogenannten Heuschrecken waren eine Gefahr für VW.« Tatsächlich gab es wenige Tage vor der Ankündigung der Porsche AG, man wolle die Anteile an Volkswagen aufstocken, auffällige Kursanstiege der Volkswagen-Aktie. Die Broker führten das auf US-amerikanische oder arabische Investoren zurück, die eine Übernahme des deutschen Paradekonzerns geplant haben sollen. »Wir haben gespürt, dass die Gefahr der Heuschrecken im Zusammenhang mit VW immer größer wurde«, sagt auch Hans Michel Piëch.

Seine Familie gab im Zusammenhang mit dem Einstieg keine Stellungnahme ab – ganz in der Tradition diskreter Steuerung aus dem Hintergrund. Damit heizt man allerdings die Spekulationen um die Rolle Ferdinand Piëchs weiter an. Denn Stillschweigen wird von der Presse als Zustimmung gedeutet. Im Gespräch mit dem Autor gab die PS-Dynastie dann doch einen Kommentar ab. Das Engagement bei Volkswagen sei »kein Selbstzweck«, betont Wolfgang Porsche, sondern bedeute »für die Porsche AG die Absicherung durch einen Großhersteller«, was auch Sicherheit in der Planung mit sich bringe. »Die Porsche AG kann auch mit einhunderttausend verkauften Autos nicht jede Plattform oder die Elektronik selbst entwickeln, sondern sie braucht Partner. Und wenn dieser wie Volkswagen schon bisher ein wichtiger Partner war, dann ist dieser Schritt nur logisch.«

Wolfgang Porsche deutet es bereits an: Der Wolfsburger Konzern ist ein wichtiger Entwicklungspartner der schwäbischen Sportwagenschmiede und liefert rund ein Drittel aller Autos, die unter der Marke Porsche verkauft werden. So wird etwa die Karosserie des Cayenne von Volkswagen in der Slowakei hergestellt, die Endfertigung erfolgt dann im Porsche-Werk in Leipzig. Umgekehrt hat die Porsche AG auf Initiative des damaligen Volkswagen-Vorstands und Porsche-Miteigentümers Ferdinand Piëch einen Geländewagen entwickelt, der für Porsche Cayenne, für VW Touareg und für Audi Q7 heißt. Sogar Laien fällt die Ähnlichkeit des Porsche Cayenne mit dem Touareg von Volkswagen auf den ersten Blick auf. Kein Wunder, schließlich bauen beide Modelle auf der gleichen Plattform auf.

Ursprünglich war übrigens Mercedes als Partner für die Entwicklung eines Geländewagens im Gespräch. Schließlich hatte Porsche in Weissach bereits die M-Klasse entwickelt. Allerdings wollte der Konzern die Zusammenarbeit mit der Porsche AG durch die Übernahme von Aktien fixieren. Für die Porsches und Piëchs ist die Aufgabe der Unabhängigkeit ihrer Autofabrik jedoch eine rote Linie, die sie freiwillig nie überschreiten werden. Daher kam die Kooperation mit Mercedes nicht zustande.

Zurück zur Partnerschaft zwischen Porsche und VW. Neben dem Geländewagen besteht auch eine Kooperation zur Entwicklung eines Hybrid-Antriebs, also eines Motors, der wahlweise mit Benzin oder Strom läuft. Experten schätzen, dass die Porsche-Autofabrik in Summe annähernd die Hälfte ihrer Geschäfte mit Volkswagen tätigt. Im Falle einer feindlichen Übernahme der Volkswagen AG wäre also auch die Unabhängigkeit der Porsche AG in Gefahr gewesen. »Man muss ganz klar sehen, dass sich Porsche mit dem Cayenne, mit einem Produkt, das sehr wichtig ist für uns, bereits sehr stark an Volkswagen gebunden hat«, betont Hans Michel Piëch. »Wenn wir uns heute absichern wollen, müssen wir auch wissen, was passiert mit dem (Partner-)Unternehmen weiter.«

Die gemeinsamen Zukunftspläne könnten auch gemeinsame

Modelle umfassen. Deutsche Fachjournalisten glauben, dass durch den Porsche-Einstieg bei Volkswagen auch eine gemeinsame Plattform für den neuen viertürigen Porsche Panamera und den nächsten VW Phaeton möglich wird. Ferdinand Piëch räumte aber im Gespräch mit dem Autor mit dieser Spekulation auf: »Der zukünftige Phaeton und der Panamera werden natürlich keine gemeinsame Plattform haben, solange ich etwas zu sagen habe.« Möglich wäre aber eine fünfte Porsche-Modellreihe, ein kleiner Bruder des Cayenne nach dem Beispiel des erfolgreichen BMW X3. Das Fahrzeug könnte man auf der Basis des geplanten Audi Q5 schnell und vergleichsweise billig verwirklichen. Auf längere Sicht gesehen dürfte sich das Engagement von Porsche bei Volkswagen also allen Kritikern zum Trotz auszahlen. Das betont auch Hans Michel Piëch: »Im Wesentlichen ging es um die Frage, ob sich Porsche Stuttgart in dieser Größenordnung langfristig auf dem Markt behaupten kann, bei allen technischen Innovationen, die einfach erforderlich sind, um Autos verkaufen zu können. Letzten Endes braucht man Module. Die bekommt man natürlich leichter, wenn man mit einem Großhersteller vertrauensvoll zusammenarbeitet.«

Durch die Beteiligung an Volkswagen rückt natürlich auch das Schwesterunternehmen der Porsche AG in Salzburg in den Fokus. Schließlich ist die Porsche Holding seit beinahe sechs Jahrzehnten Vertriebspartner von Volkswagen und vergrößerte seit Beginn der Neunzigerjahre im Auftrag der Wolfsburger Autobauer den Aktionsradius für VW in Richtung Südosteuropa. Dort ist das Autogeschäft derzeit zwar noch überschaubar, die Region gilt aber als Zukunftsmarkt in Europa. »Für die Porsche Holding ist das eine umso größere Herausforderung«, stellt der Aufsichtsratsvorsitzende Wolfgang Porsche klar: »Wobei hier für die Porsche Holding immer der Markterfolg der entscheidende Maßstab war und ist. Schließlich vertreten wir den Volkswagen-Konzern in Österreich und vielen südosteuropäischen Ländern. Unser Erfolg dort ist auch der Erfolg der Volkswagen AG. Somit ist schon aus diesem Grund für uns wichtig, dass der Konzern im richtigen Fahrwasser fährt und die Produkte und Dienstleistungen von den Kunden angenommen werden.«

Als weiterer Aspekt wird immer wieder angeführt, dass es Ferdinand Piëch mit dem Einkauf der Porsche AG bei Volkswagen gelungen ist, jene beiden Unternehmen zusammenzuführen, die einst sein Großvater (mit-)gegründet hat. »Bei Piëch laufen die Fäden von Porsche und VW zusammen … Für ihn sind beide Autofirmen unzertrennlich«, schreibt die »Frankfurter Allgemeine Zeitung«. Man sagt ja dem »Automanager des Jahrhunderts« nach, es sei sein großes Ziel, das Erbe seines Großvaters fortzuführen. Piëch soll einmal gesagt haben, er wollte immer eine größere Firma leiten als sein Großvater. »Zu dem legendären Käfer-Erfinder hat er immer aufgeschaut. An dem Großvater will er gemessen werden«, meint die »FAZ«.

Mittlerweile ist Piëch so mächtig, wie es sein Großvater nie war, auch wenn er sich in seiner »Auto.Biographie« gegen Vergleiche mit Ferdinand Porsche wehrt: »Natürlich bin ich stolz auf meinen Großvater. Aber da ist keine tiefere emotionale Bindung. Ich bin nicht durchdrungen von einer Mission, die Größe des Ferdinand Porsche hochzuhalten. Schon gar nichts kann ich damit anfangen, wenn Kommentatoren mir ›Minderwertigkeitsgefühle‹ anhängen wollen, weil ich den ›dominierenden Großvater‹ dauernd im Unterbewusstsein sitzen hätte, was dann wohl logischerweise einen ›tief verwurzelten Komplex‹ auslösen müsste.« Die Meldungen, es gehe dem PS-Clan zum Teil auch um die Zusammenführung der Unternehmen, dürften wohl nicht den Tatsachen entsprechen. »Die Unabhängigkeit der Porsche AG ist das Credo der Familie«, präzisiert Wolfgang Porsche und fügt einen Vergleich der beiden Unternehmen hinzu: »Wir haben wohl historisch gemeinsame Wurzeln und denken ein bisschen ähnlich. Wir sind allerdings als kleiner Hersteller und mit unserem Namen der Familientradition sehr viel mehr verbunden. Volkswagen tickt da sicher ganz anders. Die sind halt ein Großunternehmen.«

Die Börse war vom verstärkten Engagement der Porsche AG bei Volkswagen alles in allem wenig erfreut. Nachdem die Meldung bestätigt worden war, fiel der Kurs der Porsche AG binnen weniger Minuten um elf Prozent. Die Familien Piëch und Porsche waren um einen hohen Millionenbetrag ärmer geworden – zumindest vorübergehend. Das dürfte aber für den Auto-Clan kein großes Problem gewesen sein, schließlich pflegt er langfristig zu denken und zu planen. Führende Bankhäuser stuften die Porsche-Aktie herab und zweifelten offen an den genannten strategischen Vorzügen der Partnerschaft: »Viele Anleger werden kritisieren, warum das Management eine Investition mit einer Rendite von zwei Prozent einer Ausschüttung oder aber weiteren Fahrzeugprojekten vorzieht«, brachte es ein Analyst eines führenden deutschen Bankhauses auf den Punkt. Vor allem die gewohnt deutschfeindliche britische Presse ging nicht fein mit Porsche und Volkswagen um, was umso mehr schmerzte, weil ja London noch immer Europas wichtigster Finanzplatz ist.

Bei Volkswagen hat sich der Einstieg der Porsche AG zwar positiv auf den Kurs ausgewirkt, dafür löste er aber eine heftige Personaldebatte aus, die auch öffentlich ausgetragen wurde. Mehrere Aufsichtsräte wollten Ferdinand Piëch als Vorsitzenden des Kontrollgremiums absetzen. Sie sahen in der persönlichen Beteiligung Piëchs an der Porsche AG eine Unvereinbarkeit mit seiner Position im Volkswagen-Aufsichtsrat. Sollte Piëch bleiben, könnte Porsche mit nur etwas mehr als 20 Prozent die Kontrolle über den Volkswagen-Konzern übernehmen, so die Kritiker. Wortführer der Piëch-Gegner war übrigens kein Geringerer als Ministerpräsident Christian Wulff. Dessen Rolle muss aber vor dem Hintergrund der bevorstehenden Bundestagswahl gesehen werden. Gehalten wurde der Aufsichtsratsvorsitzende interessanterweise von den Arbeitnehmervertretern im Kontrollgremium. Das zeigt, wie stark Piëch mit der Belegschaft von Volkswagen verbunden war und ist.

*Weiteres Wachstum in Deutschland*

Die Porsche AG ist so wie die Porsche Holding nach wie vor ein Unternehmen, das im Wesentlichen von einer Familie gelenkt wird und damit andere Interesse verfolgt als Konzerne, deren Aktien sich zum größten Teil im Streubesitz befinden. Dort regiert in erster Linie der Shareholder-Value – erscheint ein Produktionsstandort als zu teuer, wird er in ein billigeres Land verlegt. Die Wirtschaftsseiten der Zeitungen waren in den vergangenen Jahren voll von solchen Berichten.

Die Porsche AG bleibt hingegen ihrer Heimat und Geschichte treu, auch wenn es anders vielleicht billiger wäre: Im Juli 2005 haben der Vorstand und der Betriebsrat eine Vereinbarung getroffen, welche die Standorte der Produktion in Stuttgart-Zuffenhausen, des Vertriebs in Ludwigsburg und des Entwicklungszentrums in Weissach auf jeden Fall bis 2010 garantiert. Damit verbunden sind 8.300 Arbeitsplätze. Bis 2010 will die Porsche AG in ihre drei süddeutschen Werke 600 Millionen Euro investieren. Das Motto lautet: Produktivitätssprung ohne Abbau von Arbeitsplätzen und ohne Lohnverzicht. Im Gegenzug verpflichtete sich die Belegschaft zu flexibleren Arbeitszeiten; die Vereinbarung sieht bis zu zwölf Sonderschichten ohne Extra-Abgeltung im Jahr vor.

Und die sollen auch notwendig werden: »Porsche will, Porsche muss weiter wachsen. Nicht so stark wie möglich, aber so stark wie nötig«, heißt es auf der Homepage der Porsche AG. 2008 soll neben 911er, Boxster und Cayenne die Produktion für die vierte Baureihe, den Panamera, anlaufen. Langfristig denkt Konzernchef Wiedeking an ein weiteres Modell: an einen kleinen Bruder des Cayenne. Die Strategie der Diversifizierung birgt aber auch enorme Risken: Die Entwicklung einer neuen Baureihe kostet mindestens eine Milliarde Euro. Da kann bereits ein einziger Totalflop das Unternehmen wieder in eine Krise stürzen.



Um das zu verhindern, sollen neue Märkte erschlossen werden:

»Internationalisierung ist kein Schlagwort, sondern bei uns Teil einer überlebensnotwendigen Strategie. Porsche muss sich weiterhin neue Märkte erschließen. Das stabilisiert die Ertragsqualität und erhöht die Kundenzufriedenheit«, verrät dazu die Porsche-Homepage. Was die Erschließung neuer Märkte, also etwa der Verkauf von Cayenne-Modellen in Peking, mit der Kundenzufriedenheit eines deutschen Porsche-Fahrers zu tun haben soll, erschließt sich dem Verfasser zwar nicht. Die Porsche-Strategen werden sich aber schon etwas dabei gedacht haben, als sie diesen Satz formulierten.

Wirtschaftlich ist die Porsche AG voll auf Kurs. Im Geschäftsjahr 2005/06 übertraf man alle Erwartungen und erreichte das beste Ergebnis aller Zeiten. Der Umsatz betrug 7,27 Milliarden Euro, was einem Zuwachs von mehr als zehn Prozent entspricht. Der Absatz stieg um knapp zehn Prozent auf 96.794 Fahrzeuge. Der größte Umsatzbringer war wiederum der 911er, von dem nicht weniger als 34.386 Modelle abgesetzt wurden – ein absoluter Rekordwert. Die größte Dynamik gab es jedoch beim Boxster und beim Cayman: Hier schnellten die Verkaufszahlen um 55 Prozent in die Höhe – auf insgesamt 27.906 Einheiten. Einen Rückgang – allerdings von einem hohen Niveau aus – musste die Porsche AG hingegen beim Cayenne verzeichnen: Der Boom der Modelleinführung hat nachgelassen, Porsche denkt aber nicht daran, die Verkaufszahlen durch Händlerrabatte künstlich hoch zu halten. Mit 34.134 ausgelieferten Modellen ist der sportliche Geländewagen für den Verkauf mittlerweile fast genauso wichtig wie der 911er. Im Geschäftsjahr 2006/07 soll das Niveau zumindest gehalten werden. Dafür soll nicht zuletzt die Erschließung neuer Märkte wie Russland, China oder der Nahe Osten sorgen. Den nächsten Wachstumsschub erwartet man dann ab 2009, wenn der Panamera auf den Markt kommt.

# 13. DIE PORSCHE HOLDING ENTSTEHT

Während es der Porsche AG in Stuttgart unter fremder Führung mehrere Jahre lang gar nicht gut ging, zeigte die Erfolgskurve für den österreichischen Teil des Auto-Imperiums auch nach dem Rückzug der Familienmitglieder aus dem Management steil nach oben. Das rasante Wachstum führte dazu, dass bereits Ende der Siebzigerjahre die Zentrale in Salzburg erneut erweitert werden musste: Anstelle der Werkstätte am Bahnhof wurde der »Porschehof III« als neuer Konzernsitz errichtet. Ein wichtiger Bauteil umfasste ein erstes Rechenzentrum: Handgeschriebene Zettel, Schreibmaschinen mit Korrekturtaste und Blaupause wurden ausgemustert. Die Büroarbeit änderte sich radikal.

Die Porsche Holding GmbH wurde offiziell 1974 gegründet. Ihre heutige Form begann sie Anfang der Achtzigerjahre anzunehmen: In Frankreich wurde Sonauto, ein Joint Venture der Porsche AG und der Porsche Holding mit einem französischen Autohändler, direkt der Zentrale in Salzburg unterstellt – mehr dazu später. Wenige Jahre später kam auch die neu gegründete Porsche España S.A. zumindest vorübergehend in die Verantwortung der österreichischen Porsche-Gruppe. Die Porsche Holding vollzog damit den Schritt von einem nationalen Handelshaus zu einem Konzern von europäischer Dimension. Der wesentliche Teil des Geschäfts lief aber in den Achtzigerjahren nach wie vor in Österreich ab. Die beiden ersten ausländischen Töchter waren nur als Nischenanbieter mit kleineren Marken der verschiedenen Hersteller auf ihren Märkten vertreten.

In Österreich brachte in den frühen Achtzigern die Einführung der neuen Modellgeneration von Volkswagen wesentliche Impulse. Auch eine angekündigte Erhöhung der Mehrwertsteuer trieb die Verkaufszahlen kurzfristig in die Höhe. Als dann die neuen Steuersätze in Kraft traten, fiel der Umsatz kurzfristig in den Keller – ein Effekt, den Deutschland aktuell zu spüren bekommt.

1984 übernahm Porsche Austria auch den Vertrieb von Seat, der damals neuen 75-Prozent-Tochter des Volkswagen-Konzerns. Dazu wurde ein völlig neues Vertriebsnetz installiert. Der Start der neuen Modellgeneration trug dazu bei, dass der Anteil der spanischen Marke am heimischen Markt sukzessive ausgebaut werden konnte. Außerdem wurde in Salzburg ein neues Teilevertriebszentrum eröffnet, das eine neue Dimension der Logistik bedeutete. Jahre später sollte das im Zuge der Ost-Öffnung ein entscheidender Wettbewerbsvorteil werden. Aus der Allgemeinen Leasingzentrale und dem Versicherungsdienst wurden 1987 die Porsche Bank AG und die Porsche Versicherungs AG.
Einen weiteren Meilenstein hatte Louise Piëch bereits im Jahr 1977 gesetzt. Im Gedenken an ihren Vater hatte sie den »Professor-Ferdinand-Porsche-Preis« gestiftet, der seither alle zwei Jahre von der Technischen Universität Wien für herausragende Leistungen im Automobilbau vergeben wird. Mittlerweile handelt es sich bei der 50.000-Euro-Auszeichnung um den höchstdotieren Technikerpreis weltweit. Das Geld stellen zu gleichen Teilen die Porsche AG und die Porsche Holding zur Verfügung.

## *Die Eroberung des Ostens*

Der politische Wandel in Osteuropa war für die Porsche Holding eine »Jahrhundertchance«, wie es dazu auf der offiziellen Homepage heißt: »Denn mit der Öffnung der Grenzen ergeben sich plötzlich ungeahnte Möglichkeiten der Unternehmensentwicklung.« Diese ungeahnten Möglichkeiten boten sich dem österreichischen Handelsunternehmen auch deshalb, weil die Volkswagen AG in erster Linie damit beschäftigt war, nach der Wiedervereinigung in den neuen deutschen Ländern eine Vertriebsorganisation aufzubauen. Zudem musste die neue Tochter Škoda in den Konzern integriert werden. Es blieben daher kaum Ressourcen übrig, um in den Reformstaaten als Automobilhändler aufzutreten. Für die Porsche Holding machte sich auch bezahlt, dass Österreich während des Kalten Krieges intensive Handelsbeziehungen zu den Staaten des Warschauer Pakts unterhalten und damit auch die Mentalität jenseits des Eisernen Vorhangs kennen- und verstehen gelernt hatte.

Als erster neuer Markt im Osten wurde Ungarn aufgerollt. Am Rande einer Geburtstagsfeier gab es Kontaktgespräche zwischen dem damaligen VW-Boss Carl Horst Hahn und Wolfgang Porsche, bei denen diskutiert wurde, unter welchen Bedingungen sich die Holding vorstellen könnte, den pannonischen Raum für Volkswagen zu erobern. In Salzburg wurde ein Strategiepapier ausgearbeitet, mit dem man sich gegen mehrere Mitbewerber durchsetzte. Schon kurz nach der Wende erteilte Volkswagen also der Porsche Holding den Auftrag, in Ungarn ein Vertriebsnetz für die Marken des VW-Konzerns aufzubauen. Schon hier verfolgten die Salzburger eine Strategie, auf die sie später auch in anderen Ländern des ehemaligen Ostblocks setzen sollten: Es wurde ein nationales Unternehmen geschaffen, mit Mitarbeitern aus Ungarn in den Führungspositionen. Das erleichterte den Aufbau – schließlich ist es auch für einen Konzern gar nicht so einfach, geeignete Kräfte von einem Land in ein anderes zu transferieren – und führte rasch zu intensiver Kundenbindung. Denn der neue Laden wurde nicht von arroganten »Besserwessis« geführt, die den ach so armen Ostblockbürgern erklärten, was gut für sie sei und sie demnach zu tun und kaufen hätten.

Unterstützend bot die Konzernzentrale ein umfangreiches Coaching-System. Hier kamen vor allem ältere Mitarbeiter zum Einsatz, die teilweise kurz vor der Pensionierung standen. Sie hatten die Aufbaujahre in Österreich noch intensiv miterlebt. Ihr Wissen war neben dem finanziellen Hintergrund der größte Bonus, der der neuen Tochter mit auf den Weg gegeben wurde. Die Porsche Holding verstand und versteht es ganz einfach, mit den Menschen in den Ländern umzugehen, in denen sie tätig ist. »Wir spielen nicht Konzern«, wird der für den Einzelhandel zuständige Holding-Geschäftsführer Kurt Loidl im »manager magazin« zitiert: »Wir wollen denen nicht die Welt erklären.« Die ungarischen Porsche-Mitarbeiter, die als Erste in den Genuss dieser Strategie kamen, nutzten die sich ihnen bietende Möglichkeit: Heute ist Porsche Hungaria eine Parade-Tochter der Porsche Holding. Mit dem Erfolg in Ungarn empfahl man sich dem Volkswagen-Konzern für weitere Aufgaben in den Reformstaaten Südosteuropas.

In der Tschechoslowakei autorisierte der werkseigene VW-Importeur nach der Wende das österreichische Unternehmen Porsche, sowohl in Pressburg als auch in Prag Einzelhandelsbetriebe für die Marken VW und Audi zu errichten. Als sich die CSSR mit Jahresbeginn 1993 teilte, war es für den VW-Importeur unmöglich, die Slowakei zu beliefern. Schließlich saß er im tschechischen Teil, und die beiden neuen Staaten wollten vorerst nichts miteinander zu tun haben. Also erhielt die Porsche Holding den Importeursvertrag für die Slowakei, was nur logisch war. Schließlich konnte sie den neuen Staat problemlos von Österreich aus beliefern. Wenn hier von Lieferungen die Rede ist, dann sind damit nicht nur Neuwagen gemeint, sondern vor allem Ersatzteile für die Werkstätten. Deren Logistik ist die eigentliche Herausforderung. Gleichzeitig mit dem Aufbau der Struktur in der Slowakei gelang es der Porsche Holding, über einen neu gegründeten Importeur die tschechische Marke Škoda in Österreich zu etablieren. Im Jahr 2001 wurde bereits der einhunderttausendste Škoda in Österreich verkauft.

Von wirtschaftlicher Bedeutung war für die Porsche Holding auch der Zerfall Jugoslawiens. Als Slowenien unabhängig wurde, war der neue Staat für die Volkswagen AG plötzlich unerreichbar geworden. Bislang war die nördliche Teilrepublik über das Volkswagenwerk in Sarajewo – es handelte sich dabei um ein Joint Venture mit der staatlichen Gesellschaft TAS – mit VW- und Audi-Modellen zu versorgen. Die bosnische Hauptstadt war dann aber von 1992 bis 1995 einer der Brennpunkte der Balkankriege. Die Porsche Holding bewarb sich daher als Importeur für Slowenien und konnte als Referenz die erfolgreichen Aufbau-Tätigkeiten in Ungarn und in der noch existierenden Tschechoslowakei vorweisen. Es war daher keine große Überraschung, dass das österreichische Unternehmen den Zuschlag für Slowenien auch tatsächlich erhielt. Der neue Staat war zwar die kleinste ehemalige jugoslawische Teilrepublik, verfügte aber über die größte Dichte an Autos und war damit ein äußerst interessanter Markt. In wenigen Wochen wurde ein Importbetrieb aufgebaut, unmittelbar darauf eröffneten die ersten Porsche-Autohäuser. Ihre neuen Partner und Kunden überzeugte die Holding vor allem durch Tempo: Von Österreich aus konnte jeder Teil binnen 24 Stunden angeliefert werden. Bislang hatten die slowenischen VW-Fahrer oft zwei Wochen warten müssen, bevor via Sarajewo der passende Ersatzteil einlangte.

Für die Strategen der Porsche Holding war zu diesem Zeitpunkt längst klar, dass die Wachstumschancen für das Unternehmen in den Reformstaaten liegen, obwohl die Kaufkraft noch gering war und ist – die Betonung liegt aber auf dem Wort *noch*. Daher hatten und haben alle namhaften Autohersteller Interesse am Aufbau eines Vertriebsnetzes. Es geht darum, langfristig Marktpositionen zu sichern. Für die Volkswagen-Gruppe schickte sich die Porsche Holding an, den teilweise immer noch »wilden Osten« zu erobern. 1997 wurde das österreichische Handelshaus beauftragt, in Rumänien ein Vertriebsnetz aufzubauen, was binnen weniger Wochen realisiert werden konnte. Heute ist das Land, das oft als Armenhaus Europas bezeichnet wird, ein Musterschüler im Porsche-Imperium. Die Zuwachsraten bei den Verkaufszahlen sind regelmäßig zweistellig. Rumänien ist drauf und dran, sich für die Porsche Holding zum zweitgrößten Automarkt nach Österreich zu entwickeln. Die Sicherheitslage sei nie ein Thema gewesen, hört man aus der Holding, es sei noch kein einziges Auto gestohlen worden.



Parallel zum Markteintritt in Rumänien stand für das Salzburger Unternehmen auch die Frage an, ob man sich in Kroatien engagieren sollte. 1997 entschied man aus Gründen der Sicherheit, von einem Engagement Abstand zu nehmen. Schließlich tobte auf dem Balkan noch immer der Krieg. Den Importeursvertrag erhielt die kroatische Zubak-Gruppe. Zwei Jahre später bat die Volkswagen AG die Porsche Holding um Unterstützung, weil nach Meinung der Wolfsburger Manager die Zubak-Gruppe den kontinuierlichen Aufbau eines Vertriebsnetzes allein nicht schaffen konnte. Die Holding ging daraufhin ein Joint Venture mit dem Importeur ein und spielt seitdem auch in Kroatien die erste Geige. Hier gestaltete sich in der Anfangszeit vor allem die Versorgung der einzelnen Standorte als schwierig. Weil viele Verkehrswege infolge des Krieges noch zerstört waren, erfolgten die Lieferungen größtenteils über Italien. 2005 wurde die Porsche Holding nach einem Auftrag aus Wolfsburg auch in Serbien-Montenegro und in Bulgarien tätig, ein Jahr später folgte Albanien.

Bei der Eroberung des Ostens ging die Porsche Holding immer nach dem gleichen Muster vor: Zuerst sicherte man sich den Vertrag als Generalimporteur aller Produkte aus dem Hause Volkswagen. Das war in den einzelnen Fällen nicht mehr allzu schwierig. Schließlich konnte man auf langjährige Erfahrung und Erfolge als VW-Verkäufer im Ost-Geschäft hinweisen. Böse Zungen behaupten, die Porsche Holding habe ihren Erfolg auch der Tatsache zu verdanken, dass der Vorstandsvorsitzende von VW damals Ferdinand Piëch hieß. Der Wolfsburger Konzern habe das österreichische Handelshaus ganz einfach bevorzugt. Ein Vorwurf, gegen den Ferdinand Piëch rechtlich gewappnet ist. »Ich habe von Anfang an vermutet, dass man mir so etwas unterstellt«, erzählte er im Interview. Der damalige Aufsichtsratsvorsitzende der Volkswagen AG, Klaus Liesen, beauftragte unabhängige Wirtschaftsprüfer, die Vereinbarkeit von Piëchs Funktionen zu kontrollieren. So seien seit 1992 etwa alle Geschäfte zwischen Porsche und VW ab einem Volumen von 5.000 Mark geprüft worden, und Piëch wurde bestätigt, dass er zu keinem Zeitpunkt eingegriffen hatte.

Als Beleg für eine vorhandene Trennung der Interessen mag neben dem Ehrenwort Piëchs auch gelten, dass sich die Porsche Holding vergeblich um den Importeursvertrag für die Ukraine beworben hat. Andererseits räumt Wolf-Dieter Hellmaier, der Geschäftsführer der Porsche Holding, ein, sein Unternehmen sei »in gewisser Weise vom Wohlwollen des Konzerns abhängig«. Wie auch immer: VW konnte der Porsche Holding mittels Importeursverträgen nur den Zutritt zu den osteuropäischen Märkten ermöglichen. Dort waren die Salzburger dann auf sich allein gestellt. Als nächster Schritt in der Gesamtstrategie wurde in den einzelnen Ländern jeweils der Großhandel aufgebaut, leicht verzögert folgte dann der Einzelhandel mit dem Bau eigener Autohäuser. Diese sind für das Unternehmen von essentieller Bedeutung. Den schließlich kann man so Impulse für den Verkauf setzen und den Standard vorgeben, den man von anderen Partnerhändlern erwartet.

Aufbauend auf ihrer starken Basis in Österreich und dem bereits erworbenen Know-how in den ehemaligen Ostblockstaaten, kann das Unternehmen mit Sitz in Salzburg selbst schwierige, stark regulierte Märkte wie Serbien schnell und zuverlässig beliefern. Die Holding verfügt zudem über genug Kapital, um rasch eigene Niederlassungen aufzubauen beziehungsweise Vertragshändler beim Aufbau eines Autohauses finanziell zu unterstützen. Die Porsche Holding ist ein Unternehmen, das sich im Besitz zweier Familien befindet. In einem solchen Konzern hat man nicht den kurzfristigen Shareholder-Value vor Augen, sondern denkt langfristig. Daher spielt es keine Rolle, dass sich die Investitionen in den ost- und südosteuropäischen Ländern erst in mehreren Jahren rechnen.

Langfristig ist auch das jüngste Auslandsprojekt angelegt: Seit dem Spätsommer 2005 ist die Porsche Holding in China aktiv. Das Reich der Mitte ist trotz einer teilweisen Öffnung in den vergangenen Jahren noch immer ein komplizierter Markt, auf dem eigene Regeln gelten. Man kann dort nicht einfach ein Autohaus eröffnen, sondern muss sich vom Rathaus bis zur Zentralregierung um Genehmigungen bemühen. Bis diese eintreffen, kann es dauern. Ende 2006 betrieb die Porsche Holding Einzelhandels-Niederlassungen in Form von Joint Ventures in Peking und in der Sechs-Millionen-Einwohner-Stadt Hangzhou. Verkauft werden Modelle von BMW, Buick und Chevrolet. Aus der Zentrale in Salzburg hört man, das China-Engagement sei völlig losgelöst von der Aktivität in Europa zu betrachten. Im Reich der Mitte befinde man sich in einem Versuchsstadium. Und man lässt keinen Zweifel daran, dass man diesen Versuch abbricht, sollte er fehlschlagen oder zu teuer werden.

### *Weiterer Ausbau in Salzburg*

Zwar wird nicht das gesamte Geschäft der Porsche Holding auch tatsächlich von Salzburg aus kontrolliert. Hier laufen aber doch alle wichtigen Fäden zusammen. Daher wurde mit der Eroberung des Ostens in den Neunzigerjahren auch der Ausbau beziehungsweise Neubau der Zentrale notwendig. 1998 wurde im Norden der Mozartstadt der neue Porschehof feierlich eröffnet, der genügend Platz für die rund 750 Mitarbeiter der Zentrale der Porsche Holding bieten sollte. Mittlerweile wird es aber wieder eng im Gebäude. Mitarbeiter erzählen, dass ehemalige Lager und Wirtschaftsräume bereits in Büros umgewidmet wurden. Der alte Porschehof beim Bahnhof wurde vom Land Salzburg als Amtsgebäude übernommen. Er musste aber erst um teures Geld saniert werden, bevor die Beamten einziehen konnten. Kritiker merken immer wieder an, die Porsche Holding habe damals ihre gesamte wirtschaftliche Macht in die Waagschale geworfen, um die Übersiedelung in Salzburg durchzusetzen. Man machte der Landes- und Stadtpolitik klar, es sei nicht naturgegeben, dass der Sitz der Porsche Holding in Salzburg sei. Der Wink mit dem Zaunpfahl erleichterte den Politikern die Zustimmung zum neuen Standort und zum Kauf der alten Zentrale, von der man damals des Öfteren hörte, dass sie das Land eigentlich gar nicht brauche.

Die Neunzigerjahre brachten aber nicht nur einen neuen Konzernsitz, sondern auch einen deutlichen Wachstumssprung für die Porsche-Unternehmen in Österreich. Für den zeichnete indirekt Ferdinand Piëch maßgeblich verantwortlich, der ja 1993 bei Volkswagen das Ruder übernommen hatte. Unter seiner Ära als Vorstandsvorsitzendem kamen unter anderem die erfolgreichen TDI-Modelle auf den Markt, die sich auch in Österreich sehr gut verkauften. Zudem weitete Piëch die Strategie aus, wonach mehrere Marken der Volkswagen-Gruppe sämtliche Kundensegmente abdecken sollten. Das ermöglichte auch dem Handelsunternehmen mit seiner Zentrale in Salzburg, neue Kundengruppen zu erschließen. Von einem breiten Angebot für jedermann bis hin zu exklusiven Nischenprodukten gab es nun alles aus einer Hand.

Diese Strategie schlug sich auch rasch in einem steigenden Marktanteil nieder: Waren zu Beginn der Neunzigerjahre die Möglichkeiten mit einem 20 Prozent großen Stück vom Kuchen weitgehend erschöpft, so steigerte die Porsche Holding mit ihren Töchtern Porsche Austria (VW, Audi), Allmobil (Seat) und IntercarAustria (Škoda) ihren Marktradius auf weit über 30 Prozent. In den Jahren 2000 und 2001 kam dann noch der Vertrieb der Marken Bentley und Lamborghini hinzu, was der Porsche Holding ein weiteres, sehr exklusives Marktsegment eröffnete. Das Kerngeschäft ist und bleibt aber der Handel mit Fahrzeugen der mittleren Preisklasse und dem dazugehörigen Umfeld: von der Finanzierung durch die eigene Bank über die Versicherung durch die eigene Gesellschaft bis hin zum Service mit Ersatzteilen aus dem eigenen Handel.

Der bislang letzte große Ausbau des Standorts in Salzburg erfolgte im Jahr 2003. Damals wurde in der Stadtrandgemeinde Wals-Siezenheim das erweiterte Teilevertriebszentrum eröffnet, wo aktuell mehr als 440.000 Ersatzteile für Fahrzeuge der Marken Volkswagen, Audi, Seat, Škoda und Porsche lagern. Salzburg bleibt damit die Drehscheibe der Porsche Holding. Von hier aus werden rund 750 Servicebetriebe mit Ersatzteilen und Zubehör beliefert. Allein das Teilevertriebszentrum bringt dem Unternehmen einen Umsatz von 300 Millionen Euro pro Jahr.

## *PGA – die französische Tochter*

Der Fall des Eisernen Vorhangs bedeutete für die Porsche Holding eine Zäsur: Aus dem österreichischen Handelshaus wurde ein internationaler Großkonzern. Die Eroberung der Ost-Märkte war aber keineswegs der Beginn der Auslands-Aktivität. Bereits in den frühen Siebzigerjahren hatte man sich zum ersten Mal ins Ausland gewagt, und zwar nach Frankreich. Dort war bereits das Unternehmen Sonauto tätig, eine hundertprozentige Vertriebstochter der Porsche AG in Stuttgart. Mit diesem Unternehmen ging die Holding ein Joint Venture ein, weil die Stuttgarter Sportwagenschmiede Geld für die Entwicklung des 928ers brauchte. Sonauto war in der Folge als Importeur und Großhändler für diverse kleinere Automarken aus den verschiedensten Ländern tätig. Bekannt wurde das Unternehmen auch durch seine Motorsport-Aktivität: Sowohl mit Motorrädern als auch mit Autos gewann man mehrere Male die berühmt-berüchtigte Rallye Paris–Dakar. Mit der Zeit wurde es für Sonauto aber immer schwieriger, die Position als Importeur zu halten, weil auf dem wichtigen Automarkt Frankreich praktisch alle großen Hersteller mit eigenen Vertriebstöchtern auftraten. Die Möglichkeiten für das Porsche-Tochterunternehmen, das in seinen besten Jahren bis zu 40.000 Neuwagen und 60.000 Motorräder absetzen konnte, wurden mehr und mehr eingeschränkt.



1996 kam Sonauto zur Gänze in den Einflussbereich des Salzburger Porsche-Unternehmens, und zwar durch einen Aktientausch: Die Stuttgarter übernahmen sämtliche Anteile der Porsche España S.A., die 1982 als Importbetrieb für Porsche-Sportwagen und

Saab-Limousinen in Form eines Porsche-Porsche-Joint-Venture gegründet worden war. Im Gegenzug überschrieb die Stuttgarter Autofabrik ihre Sonauto-Aktien dem Handelshaus in Österreich. Die Porsche Holding machte sich als nunmehriger Alleineigentümer eines kleinen, schwächelnden Importbetriebs auf die Suche nach neuen Entwicklungsmöglichkeiten in Frankreich und fand diese im Kfz-Einzelhandel. Mit der Beteiligung an der PGA, einer der erfolgreichsten Autohändler-Gruppen in Frankreich, positionierte sich die Holding völlig neu – ein Schachzug, der sich in der Folge als goldrichtig erweisen sollte. Gestärkt durch die neue Partnerschaft erweiterte die PGA ihre Aktivität zunächst nach Holland, wo sie sich 2001 an der renommierten holländischen Automobilhandelskette Nefkens beteiligte. Ein Jahr später kaufte die PGA die französische Einzelhandelskette CICA und 2005 erwarb sie einen BMW-Betrieb in Warschau, womit die Porsche Holding auch in diesem neuen EU-Land einen Fuß in der Tür hat.

Heute umfasst die PGA-Gruppe mehr als 200 Betriebe. Sie führt zahlreiche Automarken wie Peugeot, Citroën, Renault, Mercedes, BMW, Volkswagen, Audi, Seat, Ford, Opel, Jaguar, Rover und Landrover. Die Mehrheitsverhältnisse in der PGA – ursprünglich stieg die Porsche Holding mit 50 Prozent ein – haben sich mittlerweile verschoben. Unternehmensgründer Pierre Guenant hält heute nur mehr eine Minderheit, das Sagen haben die Manager aus Salzburg. Die PGA ist übrigens als Kette nicht wahrnehmbar. Das heißt, es gibt keinen geschlossenen Marktauftritt und kein Corporate Design. Dennoch ist die französische Tochter so erfolgreich, dass die Porsche Holding im April 2005 neu strukturiert wurde. Die PGA mit ihrem breiten Angebot verschiedenster Hersteller wurde als eigenes, viertes Geschäftsfeld in der Porsche Holding eingerichtet. Damit steht die Multimarken-Welt nun auf einer Stufe mit dem Import beziehungsweise Großhandel der verschiedenen Produkte aus dem Hause Volkswagen, dem Einzelhandel mit selbst importierten

Fahrzeugen und den damit verbundenen Finanzdienstleistungen. Jedes der vier Geschäftsfelder wird durch ein Mitglied in der Holding-Geschäftsführung repräsentiert.

Die Tätigkeit der PGA muss vor einem längerfristigen strategischen Hintergrund gesehen werden. Mit der Beschlussfassung der sogenannten Gruppenfreistellungsverordnung (GVO) für die Kfz-Branche im Jahr 2002 begann die Europäische Union den Fahrzeughandel zu liberalisieren. Läuft alles nach Plan, soll ab 2010 praktisch jedes Unternehmen mit allen Fahrzeugen an allen Standorten handeln dürfen. Mit der PGA bereitet sich die Porsche Holding auf die vollständige Liberalisierung vor. Allerdings, so hört man aus dem Unternehmen, werde man in jenen Staaten, in denen man als Importeur für den Volkswagen-Konzern agiere, auf eine Diversifizierung der Marken verzichten.

## *Teure Abenteuer*

Es wäre ein Wunder, hätte nicht auch die Wachstumskurve der Porsche Holding einige Dellen aufzuweisen. Ein besonders teures Abenteuer ging indirekt auf die Politik zurück: In den Siebzigerjahren wälzte die damalige sozialistische Alleinregierung in Wien Pläne, ein eigenes österreichisches Auto bauen zu lassen, den sogenannten »Austro-Porsche«. Das ehrgeizige Vorhaben genoss die volle Unterstützung von »Sonnenkönig« Bruno Kreisky. Letztlich scheiterte es aber aufgrund der mangelnden Vertriebsmöglichkeiten. So die offizielle Sprachregelung. Die Frage, inwieweit es Kreisky tatsächlich ernst war mit dem Austro-Porsche, kann in diesem Buch nicht mehr beantwortet werden – schon allein aufgrund der zeitlichen Distanz. Immerhin starb der »Alte«, wie der Langzeit-Bundeskanzler respektvoll genannt wurde, bereits im Jahr 1990. Es ist jedoch wiederholt die Vermutung geäußert worden, Kreisky habe in erster Linie taktiert. Es sei ihm nicht so sehr darum gegangen, ein österreichisches Auto auf den Markt zu bringen, vielmehr wollte der gewiefte Taktiker der deutschen

Autoindustrie lukrative und langfristige Zulieferverträge abringen.
Tatsächlich wurde die damals verstaatlichte Industrie wichtiger Lieferant der deutschen Autokonzerne. Der Verfasser selbst hat Ende der Achtziger- und Anfang der Neunzigerjahre während der Sommerferien als Werkstudent im Kaltwalzwerk der Voest Alpine bis zu 30 Tonnen schwere Stahlblechrollen für ein reinigendes Säurebad vorbereitet, die unter anderem für Audi oder Mercedes bestimmt waren. In der Halle nebenan befand sich die »Verzinkerei«, in der jenes Stahlblech veredelt wurde, mit dem Audi als erster Produzent eine Zehn-Jahres-Garantie gegen das Durchrosten der Karosserie gewähren konnte.
Von persönlichen Erinnerungen zurück zum Thema: Auch die Porsche Holding verstärkte ihre Bemühungen, das Zuliefergeschäft von Österreich an die Werke in Deutschland anzukurbeln. »Rückblickend betrachtet hat Porsche einen ganz wesentlichen Anteil daran, dass sich die Zulieferbranche in Österreich so erfolgreich positionieren konnte«, lobt man sich selbst auf der Homepage. Ganz uneigennützig dürften die Bemühungen jedenfalls nicht gewesen sein. Das Management witterte hier ein neues Geschäftsfeld mit einem erheblichen Umsatz-Potential. Das zeigt sich auch daran, dass das österreichische Porsche-Unternehmen selbst als Zulieferer tätig war, wenn auch in vergleichsweise bescheidenem Umfang. So produzierte die Porsche Produktions- und Handels GmbH seit ihren Anfängen als Spezialwerkstätte in der Salzburger Alpenstraße auch Teile für den Porsche 356 und den Porsche 911, die man nach Stuttgart lieferte.
In den Achtzigerjahren begann sich die Porsche Holding an einigen mittelständischen österreichischen Industrie-Unternehmen zu beteiligten, etwa Fichtel & Sachs oder der Alu Druck-Guss. 1988 erwarb man zudem die deutsche Firmengruppe Zipperle. Durch diese Übernahmen hoffte man auch in der Zulieferbranche durchstarten zu können. Die Überlegung lag nahe. Schließlich hatte die Porsche Holding in Österreich beim Groß- und Ein-

zelhandel einen Marktanteil von 20 Prozent – eine Position, die zum damaligen Zeitpunkt mit dem damaligen Modellprogramm kaum mehr ausbaubar schien. Daher sollte mit dem Einstieg in die Zulieferindustrie ein zweites Standbein geschaffen werden. Ein drittes Geschäftsfeld sah man im EDV-Bereich. Die Holding kontrollierte bereits einige kleinere Software-Unternehmen. Außerdem gab es die Porsche Informatik, die Software speziell für den Kfz-Handel entwarf. Man versuchte sich am boomenden Markt mit interessanten Ideen zu positionieren. 1988 wurde zudem die Taylorix AG erworben. Die neue Tochter verfügte über eine für die Branche ungewöhnlich lange Tradition: Das deutsche Unternehmen hatte bereits in den Sechzigerjahren begonnen, einfache Computerprogramme für die Buchhaltung und die Verwaltung öffentlicher Unternehmen anzubieten.

Sowohl die Zulieferindustrie als auch die EDV-Branche geriet aber in den Neunzigerjahren erheblich ins Trudeln. Der billige PC löste die teuren Großrechner ab. Taylorix, das bisher sowohl Soft- als auch Hardware geliefert hatte, blieb in einem beinharten Verdrängungswettbewerb auf der Strecke. Gegen den PC von IBM und das Windows-System von Microsoft konnte man sich nicht durchsetzen. 1994 verließ die Porsche Holding das sinkende Schiff. Die Zulieferindustrie wurde nicht zuletzt durch ein Kostensenkungs-Programm von Volkswagen empfindlich getroffen, für das ironischerweise letztlich Ferdinand Piëch verantwortlich zeichnete. Der Miteigentümer der Porsche Holding schnitt sich damit auch ins eigene Fleisch. 1993 trennte sich die Holding von Zipperle. Käufer war der Magna-Konzern des Austro-Kanadiers Frank Stronach. »Wir haben uns umgruppiert und auf unser Kerngeschäft zurückbesonnen«, meint Hans Michel Piëch zu diesem Thema. »Wir sind draufgekommen: das, was wir am besten können, sollten wir auch machen. Und das ist einfach der Autohandel.« Es ist nicht bekannt, wie viel die beiden Abenteuer den Konzern gekostet haben. Die Summe dürfte aber ganz ordentlich, wenn auch verschmerzbar gewesen sein.

## *Dennoch: eine Erfolgsgeschichte*

Die Porsche Holding hat sich in den knapp 60 Jahren ihres Bestehens aus bescheidenen Anfängen zum größten privat geführten Unternehmen Österreichs und zum größten Autohändler Europas entwickelt. Die Strategie, alle Dienstleistungen rund um das Auto aus einer Hand anzubieten, führte letztlich zu einer derart starken Marktposition in Österreich, die es möglich machte, auch ins Ausland zu expandieren. Interessanterweise war es auch die Krise im Autohandel, die die Porsche Holding groß gemacht hat. Aufgrund des soliden Wachstums verfügte man über genügend Ressourcen, um verkaufswilligen Autohäusern im In- und Ausland ein lukratives Angebot machen zu können.
Für die Zukunft sieht man weitere große Wachstumsmöglichkeiten vor allem in Osteuropa, in Frankreich und in Holland. Die Porsche Holding ist also auf den hochentwickelten Märkten Mittel- und Westeuropas genauso erfolgreich wie im »wilden Osten«, wo die Märkte noch am Anfang ihrer Entwicklung stehen. »Frühzeitig hat Porsche die Chancen der EU-Osterweiterung erkannt und gilt seit Beginn der Neunzigerjahre als eines der aktivsten Unternehmen in dieser Region«, brachte es Bundeskanzler Wolfgang Schüssel bei einer Ehrung für den Aufsichtsratsvorsitzenden der Porsche Holding, Wolfgang Porsche, auf den Punkt. »Wir haben die Chance in den Ost-Märkten genützt, wie das heute viele andere österreichische Unternehmen auch machen«, übt sich Hans Michel Piëch, Vorsitzender des Gesellschafterausschusses, trotz des Lobes aus höchstem Munde in Bescheidenheit. »Das ist, glaube ich, eine ganz natürliche Entwicklung gewesen. Die Chance hat uns das Volkswagenwerk geboten.« Ein bisschen Eigenlob darf aber bei aller Zurückhaltung angesichts der rasanten Entwicklung der Porsche Holding schon sein: »Ich glaube, wir können auch stolz sein. Wir sehen jetzt gerade, wie gut wir die Marken des Volkswagen-Konzerns in dem aufstrebenden rumänischen Markt entwickeln können.«

Im Geschäftsjahr 2005/06 hat die Porsche Holding einen Gesamtumsatz von 10,7 Milliarden Euro erwirtschaftet, 6,5 Milliarden davon im Ausland. Gegenüber dem Geschäftsjahr 2004/05 entspricht das einem Plus von 20 Prozent (!), was fast ausschließlich auf das boomende Auslandsgeschäft zurückzuführen ist. Wie rasant sich die Unternehmensgruppe auch in den Jahren zuvor entwickelt hat, zeigt ein Vergleich: 1996/97 wurden gerade einmal umgerechnet 3,4 Milliarden Euro umgesetzt, nur 800 Millionen davon im Ausland. Innerhalb von neun Jahren hat die Porsche Holding ihr Geschäftsvolumen außerhalb Österreichs also verachtfacht! Der Umsatz allein sagt allerdings wenig darüber aus, wie gut ein Unternehmen dasteht. Ein Blick auf das Ergebnis der gewöhnlichen Geschäftstätigkeit (EGT – Gewinn vor Steuern und Rücklagentätigkeit) zeigt, dass die Porsche Holding hochprofitabel ist: 2005/06 betrug das EGT 280 Millionen Euro, und das trotz massiver Expansion. Im gleichen Geschäftsjahr wurden nämlich insgesamt 786 Millionen Euro investiert.
Stark gestiegen ist auch die Zahl der Verkäufe: 1996/97 hat die Unternehmensgruppe 141.000 Fahrzeuge an den Kunden gebracht, neun Jahre später, 2005/06, hat man mit 529.170 Stück – davon 416.131 Neuwagen – zum ersten Mal die Schallmauer von einer halben Million verkaufter Fahrzeuge deutlich durchbrochen. Das Wachstum hat sich auch in der Zahl der Arbeitsplätze bemerkbar gemacht: Mittlerweile beschäftigt die Porsche Holding mehr als 17.000 Mitarbeiter, im Geschäftsjahr 1996/97 waren es gerade einmal 5.500. Und man hat erkannt, welch großen Wert die Ausbildung der eigenen Mitarbeiter darstellt: Fast jeder neunte österreichische Porsche-Mitarbeiter ist Lehrling.
Es sei die Beziehung zwischen dem Unternehmen und den Mitarbeitern, die den oft zitierten »Porsche-Geist« ausmache, ist Hans Michel Piëch sicher: »Ich würde den Porsche-Geist mit der Frage nach unseren Mitarbeitern ansetzen. Wir erkennen immer mehr, dass unsere Mitarbeiter das Asset unseres Unternehmens sind. Wenn die Familie und die Mitarbeiter gemeinsam eine

Kultur entwickeln und sich in den Zielen des Unternehmens einig sind, dann ist das für die Mitarbeiter einfach faszinierend: Es gibt einen Freiraum, wo sich jeder einbringen und verwirklichen kann.« Wichtig sei dabei auch die Verlässlichkeit, ergänzt Wolfgang Porsche: »Die Mitarbeiter müssen sich ja auf uns verlassen können, genauso wie wir uns auf sie verlassen können müssen. Das ist also schon ein Geben und Nehmen.« Dieser Porsche-Geist müsse, so Hans Michel Piëch, auch nach außen sichtbar sein, »für alle, die vielleicht zu uns kommen würden«. Interessant ist, dass die Porsche Holding sehr viel stärker als Familienunternehmen wahrgenommen wird als die Porsche AG in Stuttgart. Die beiden Familiensprecher reden zwar immer von *dem* Unternehmen, meinen aber *die* Unternehmen, nämlich die Porsche AG und die Porsche Holding. Für sie sind die beiden Konzerne offenbar nicht voneinander zu trennen. Beide sprechen übrigens auch immer von *der* Familie und meinen damit beide Zweige.

Zurück zu den Porsche-Mitarbeitern: Als Beispiel für langfristig angelegte Karriereplanung kann auch Holding-Geschäftsführer Wolf-Dieter Hellmaier herangezogen werden. Während andere Spitzenmanager oft nur wenige Jahre für ein und dasselbe Unternehmen tätig sind, ist er schon seit 1971 bei Porsche Österreich beschäftigt. »Der Mann passt zur leisen, aber beharrlichen Strategie seines Unternehmens«, schreibt das »manager magazin« über ihn: »Stets freundlich, vorsichtig jedes Wort abwägend, nicht so kraftstrotzend und polternd, wie das vielerorts in den Chefetagen von Autofirmen der Fall ist.«

Mitte 2006 hat die Porsche Holding Standorte in 17 Ländern Europas betrieben. Dazu kommt noch der »Feldversuch« in China. In Summe kontrolliert man an die 350 Tochtergesellschaften. Das Hauptgeschäft liefert nach wie vor Österreich, dann folgen Frankreich, Holland und Polen – in den drei Ländern ist die Porsche-Tochter PGA tätig. Unter dem Namen Porsche tritt die Unternehmensgruppe in Albanien, Bulgarien, Deutschland, Italien, Kroatien, Mazedonien, Rumänien, Serbien, in der Slowakei, in

Slowenien, Tschechien, Ungarn und Montenegro auf. Mittlerweile hat die Porsche Holding eine Marktposition erreicht, die es dem Volkswagen-Konzern de facto unmöglich macht, ohne das österreichische Autohaus auszukommen. Kenner der Branche gehen davon aus, dass zwar im Fall des Falles der Großhandel der Porsche Holding binnen weniger Monate von einem anderen Unternehmen übernommen werden könnte. Nur was nutzt der Groß- ohne den Einzelhandel? Und hier verfügt die Porsche Holding gerade in den ehemaligen Ostblockstaaten über einen Vorsprung an Know-how und Infrastruktur, der mit normalen wirtschaftlichen Mitteln nicht mehr einholbar ist. In der Holding-Zentrale übt man sich in diesem Zusammenhang in Bescheidenheit. »Wir sind ein Partner wie jeder andere«, sagt Sprecher Hermann Becker. Und man könne nur tätig werden, wenn es von Volkswagen einen Auftrag dafür gebe. »Wenn wir nicht erfolgreich sind, wird Volkswagen sagen: ‚Es tut uns leid, wir haben einen besseren.'«

Die Porsche Holding ist aber nicht nur Europas größter Autohändler, sondern betreibt über die Porsche Bank auch einen der größten Fuhrparks des Kontinents. Der Trend zum Leasing-Auto hält seit Jahren an: Mittlerweile sind in Österreich vier von zehn Neuwagen über Leasing finanziert, nur mehr ein Viertel über klassische Kredite. Die Porsche Holding hatte Mitte 2006 rund 220.000 Verträge aufzuweisen, davon 65.000 in Österreich. Hier betreut die Porsche Bank den Fuhrpark zahlreicher Großbetriebe wie der Post AG, der Bundesbahnen, aber auch des Bundesheers und der Polizei. Im Vergleich zu den Autoverkäufen ist der österreichische Markt punkto Leasing überproportional vertreten. Hier haben also die neuen Märkte in Ost- und Südosteuropa noch Aufholbedarf oder – positiv formuliert – es besteht noch großes Potenzial. Angesichts der Geschichte der Porsche Holding kann man davon ausgehen, dass die geschäftlichen Möglichkeiten, die in diesem Bereich stecken, auch genützt werden.

# 14. Illustre Eigentümergemeinschaft

Als 1972 alle Familienmitglieder aus dem Management der Porsche-Autofabrik und des Porsche-Handelshauses gedrängt wurden, gingen die Familien auch an eine Umgründung ihrer prestigeträchtigen Sportwagenschmiede: Aus der Kommanditgesellschaft (KG) wurde eine Aktiengesellschaft (AG). Diese Umgründung war auch höchst an der Zeit, schließlich haften die Gesellschafter bei der KG-Konstruktion auch mit ihrem Privatvermögen.

*Personen- und Kapitalgesellschaften*

*Von der KG zur AG – das ist mehr als die bloße Änderung eines Buchstabens. Bei einer Kommanditgesellschaft handelt es sich um eine sogenannte Personengesellschaft: Auf einem oder mehreren Voll-Gesellschafter(n) (Komplementär) lasten alle Rechte und Pflichten, die aus dem Unternehmen erwachsen. Im Extremfall muss der Komplementär mit seinem Privatvermögen für Schulden aus dem Betrieb haften. Gibt es mehrere Komplementäre, so haften diese solidarisch. Das heißt, fällt ein Komplementär etwa wegen Todes oder Konkurses aus, geht seine Haftung auf den oder die Partner über. Dem Komplementär steht der Kommanditist zur Seite, der nur mit der Höhe seiner Einlage haftet und daher auf das Unternehmen nur bedingt Einfluss nehmen kann. Ihm stehen im Wesentlichen nur Kontrollrechte zu.*

*Eine Aktiengesellschaft ist hingegen eine Kapitalgesellschaft, die man nicht besitzen, sondern an der man nur Anteile halten kann. Die AG kann als juristische Person Rechtsgeschäfte abschließen und daher auch Kredite aufnehmen, für deren Besicherung nur das Vermögen des Unternehmens herangezogen werden kann. Im Fall des Falles muss daher kein Aktionär mit seinem Privatvermögen für die Schulden der Gesellschaft haften. Das Unternehmen wird von einem Vorstand geleitet. Dieser wird von einem Aufsichtsrat bestellt, kontrolliert und nötigenfalls auch abgesetzt. Der Aufsichtsrat wiederum wird von der Hauptversammlung der*

*Aktionäre gewählt, die in der Regel einmal pro Jahr stattfindet. Die Aktionäre können also nur über die Hauptversammlung und den Aufsichtsrat indirekten Einfluss auf die Geschäfte ausüben. Wobei sie auch diese Einflussmöglichkeit teilen müssen. Nach deutschem Aktienrecht muss der Aufsichtsrat paritätisch zwischen Aktionären und Mitarbeitern besetzt sein. In Österreich müssen die Beschäftigten mindestens ein Drittel der Aufsichtsräte stellen.*

*Mit der KG ist also das größere Risiko für die Eigentümer verbunden. Sie gewährt den Eigentümern aber größere Einflussnahme auf das Unternehmen und bietet gegenüber der AG steuerliche Vorteile: Während bei der KG die Entnahmen der Gesellschafter nur einmal versteuert werden müssen, nascht beim Gewinn einer AG der Fiskus zweimal mit: Zuerst muss die AG Körperschaftsteuer (in Österreich 25 Prozent) abführen. Wird der dann bereits versteuerte Gewinn in Form einer Dividende ausbezahlt, fällt bei jedem Aktionär noch einmal Kapitalertragsteuer (in Österreich 25 Prozent) an.*

Die Tatsache, dass die Porsche-Autofabrik so lange als Personen- und nicht als Kapitalgesellschaft geführt wurde, zeigt, wie sehr sich Ferry Porsche und Louise Piëch mit ihrem Unternehmen identifizierten. Mit der Umgründung der Porsche-Autofabrik in eine AG hatte Ferry so gar keine Freude. Seinen Verwandten unterstellte er, sie würden den Schritt nur deshalb befürworten, um sich bei der erstbesten Gelegenheit von den Aktien trennen zu können. Um die Gefahr einzudämmen, dass das Familienunternehmen auch von der Eigentümerseite her in fremde Hände gerät, wurde ein Vorkaufsrecht auf alle Stammaktien für die Mitglieder der Familien Porsche und Piëch vereinbart. Das heißt: Will ein Porsche oder Piëch seine Aktien verkaufen, muss er diese zuerst innerhalb der Familie anbieten.



Inzwischen halten die Familien längst nicht mehr alle Anteile an der Porsche AG, schließlich wird das Papier auch an der Börse gehandelt. Ein börsenrechtlicher Trick macht es aber möglich, dass nur die Porsches und Piëchs Einfluss nehmen können: Das

Aktienkapital der Porsche AG teilt sich in 8.750.000 Stamm- und 8.750.000 Vorzugsaktien auf. Stimmberechtigt in der Vollversammlung, dem höchsten Gremium einer Aktiengesellschaft, sind aber nur die Stammaktien. Und die befinden sich nach wie vor zu 100 Prozent im Besitz der PS-Dynastie.

Ein kleiner Teil der Stammaktien wurde im Herbst 2006 in die Ferdinand Porsche Holding und die Ferdinand Porsche Privatstiftung eingebracht. Beide Gesellschaften wurden im Herbst 2006 nur zu dem einen Zweck gegründet, die Anteile eines namentlich nicht genannten Mitglieds der Familie Porsche an der Porsche AG zu halten. Mit den Geschäften der Porsche Holding haben diese beiden Gesellschaften nichts zu tun, auch wenn sie ihren juristischen Sitz in der Stadt Salzburg haben. Die Ähnlichkeit des Namens und der Bezug zu Salzburg führten aber zu einem Rauschen im Blätterwald. So wurde berichtet, die Porsche AG habe ihre Mehrheit an Volkswagen an den Salzburger Autohandelskonzern überschrieben. Sogar ein direkter Zusammenhang zwischen der Gründung der neuen Beteiligungsgesellschaften und dem Rücktritt von VW-Boss Bernd Pischetsrieder wurde vermutet. Wie üblich gab es von den Familien dazu keine Stellungnahme, nur die Porsche Holding dementierte, dass sie nun die Stammaktien der Porsche AG und damit verbunden auch die Stimmrechte an Volkswagen halte.

Die Vorzugsaktien der Porsche AG notieren seit 1984 an der Börse, eine Folge des sogenannten »Ernst-Falls« – mehr dazu später. Mehr als die Hälfte dieser Vorzugsaktien gehört institutionellen Investoren wie Aktienfonds, Banken und Versicherungen. Diese haben ihren Sitz vor allem in Großbritannien, in den USA und in Deutschland, in geringerem Maße auch in anderen europäischen Ländern und Asien. Der Rest befindet sich im Streubesitz, wobei auch Mitglieder der Familien Porsche und Piëch Vorzugsaktien erworben haben. In Summe dürften das rund 13 Prozent sein. Damit gehört die Porsche AG zu 63 Prozent den Nachkommen Ferdinand Porsches.

## *Familientreffen in den Aufsichtsräten*

Formal führt die Zwillings-Dynastie seit 1972 die Porsche AG und die Porsche Holding über die Aufsichtsräte. In denen herrscht Parität: Scheidet ein Porsche aus, rückt ein Porsche nach, auf einen Piëch hat ein Piëch zu folgen. Der Einfluss auf das Tagesgeschäft dürfte aber größer sein, als dies bei anderen Aktionären beziehungsweise Aufsichtsräten üblich ist. Man sagt den Mitgliedern der beiden Familien nach, dass sie die Nähe zum Operativen suchen. In Salzburg ist das aufgrund der rechtlichen Konstruktion einfacher als bei der AG in Stuttgart. Schließlich sichert die GmbH den Gesellschaftern ein größeres Mitspracherecht zu als die AG, und die Porsche Holding gehört zu 100 Prozent den beiden Familien.

In Salzburg gibt es zudem ein ausgeklügeltes Reporting-System, das den Porsches und Piëchs praktisch einen tagesaktuellen Zugriff auf die Zahl der Autoverkäufe bis in den hintersten Winkel Osteuropas hinein ermöglicht. Außerdem hat man bei der Holding noch eine Zwischenebene eingezogen, den sogenannten Gesellschafterausschuss, der das eigentlich wichtigste Gremium von Europas größtem Autohandelshaus ist. Er besteht aus fünf Mitgliedern, aus Gründen der Parität sind nur vier davon stimmberechtigt. Namentlich sind das die beiden Sprecher der Familien, Wolfgang Porsche und Hans Michel Piëch als Vertreter der dritten Generation sowie Oliver Porsche und Florian Piëch aus der vierten Generation. Josef Ahorner, Sohn von Louise Daxer-Piëch, der einzigen Tochter der dritten Generation, hat als kooptiertes Mitglied nur beratende Stimme.

Den Vorsitz im Gesellschafterausschuss führt derzeit Hans Michel Piëch. Er wechselt sich in dieser Funktion alle zweieinhalb bis drei Jahre mit Wolfgang Porsche ab: Wer im Ausschuss die Führung hat, tritt im Aufsichtsrat ins zweite Glied und umgekehrt. Das Quintett bekommt von den Sparten-Geschäftsführern monatliche Berichte aus allen Regionen, und es sorgt dafür, dass nicht mit jeder Entscheidung auf die Aufsichtsratssitzungen gewartet werden muss, die nur alle drei Monate stattfinden. Auf diese Weise will man das Imperium trotz seiner Größe beweglich und vor allem regierbar halten. Müssen Entscheidungen kraft Gesetzes im Aufsichtsrat gefällt werden, werden sie im Gesellschafterausschuss vorab besprochen.

Oliver Porsche und Florian Piëch werden aufgrund ihrer Mitgliedschaft im Gesellschafterausschuss oft als Kronprinzen gehandelt. Die Entscheidung, ob sie tatsächlich einmal die Rolle der Sprecher übernehmen sollen, ist aber noch nicht gefallen. Mit der öffentlichen, medialen Diskussion über die Zukunft der beiden hat der PS-Clan wenig Freude: Generell stelle sich die Frage nach den Kronprinzen gar nicht, heißt es aus dem Umfeld der Porsches und Piëchs. Schließlich sei mit der Sprecherfunktion keine Macht verbunden, weil innerhalb der Familien demokratisch entschieden werde. Die Sprecher würden lediglich die Wünsche des Managements an die Familien herantragen und umgekehrt die Vorstellungen der Porsches und Piëchs an die Vorstände weiterleiten. »Wir versuchen die Speerspitze der jeweiligen Familien zu sein«, scherzte Wolfgang Porsche im Gespräch mit dem Verfasser. Die Notwendigkeit von Sprechern ergebe sich aus einem Mengenproblem: »Es können ja nicht immer alle zusammensitzen und alles gemeinsam entscheiden. Deswegen gibt es uns beide. Wir versuchen zu fokussieren und dann der Familie Entscheidungen vorzulegen. Da bekommt man meistens einfacher ein Okay, als wenn 20 Leute miteinander diskutieren.«

Im Gesellschafterausschuss der Holding sind die Familien unter sich. Anders ist die Situation in den Aufsichtsräten der AG und der Holding. Dort sind schon allein von Gesetzes wegen auch Mitglieder vertreten, die nicht Porsche oder Piëch heißen. Dennoch hat die PS-Dynastie sowohl in Stuttgart als auch in Salzburg das Sagen: Von den vier Söhnen Ferry Porsches saßen ursprünglich der Älteste und der Jüngste, Ferdinand Alexander und Wolfgang, im zwölfköpfigen Aufsichtsrat der Porsche AG. Zuerst führte Ferry Porsche den Vorsitz, dann eine Zeit lang sein ältester Sohn Ferdinand Alexander. 2005 vererbte F. A. den Sitz im Kontrollgremium seinem Sohn Oliver. F. A. ist zwar nach wie vor Ehrenvorsitzender, dabei handelt es sich aber um einen Titel ohne Einfluss. Von der Piëch-Seite sind Ferdinand und Hans Michel im Stuttgarter Aufsichtsgremium vertreten. Den Vorsitz führt seit 1993 Helmut Sihler. Der gebürtige Österreicher und ehemalige Vorstandsvorsitzende von Henkel genießt das Vertrauen beider Familien.

Ähnlich sieht es in der Porsche Holding aus: Hier führt Wolfgang Porsche den Vorsitz, mit dabei sind außerdem Hans-Peter Porsche, Ferdinand Piëch und Hans Michel Piëch. Im Gegensatz zu Stuttgart, wo im Aufsichtsrat zwölf Mitglieder sitzen, muss die PS-Dynastie ihren Einfluss in Salzburg kaum teilen, da der Aufsichtsrat der Holding nur sechs Mitglieder umfasst. Vier davon stellen die Eigentümerfamilien, die beiden weiteren sind die gesetzlich vorgeschriebenen Arbeitnehmervertreter.

Aufsichtsratssitzungen der Porsche AG und der Porsche Holding gestalten sich also regelmäßig zu Familientreffen. Und bei solchen kann es mitunter lautstark bis hitzig zugehen. Einem ehemaligen Mitglied des Aufsichtsrats der Holding zufolge sind die Rollen dabei klar verteilt: Hans Michel Piëch ist der eher kühle, distanzierte Typ, der aufmerksam zuhört und dann pragmatisch entscheidet. Wolfgang Porsche hingegen ist ein offener, alle verbal umarmender Charakter, der es mit charmanten Scherzen versteht, die Stimmung abzukühlen, sollte sie einmal hitzig geworden sein. Ferdinand Piëch wird als einer beschrieben, der viel fragt und engagiert diskutiert, besonders über technische Details – schließlich ist er ja gelernter Techniker. Das Wesentliche ist aber, dass die beiden Familien aufgrund der bestehenden Parität zu einer Einigung kommen müssen. Hier sind die Sprecher der beiden Zweige, Wolfgang Porsche und Hans Michel Piëch, gefragt. Zweiterer sieht seine Rolle pragmatisch: »Macht kann nur dann ausgeübt werden, wenn man einig ist. Wenn man uneinig ist, dann ist man schwach. Das ist ein Grund, warum es bei uns funktioniert und warum wir etwas bewegen können. Wir sind vielleicht alle emotional unterschiedlich aufgestellt, aber wir haben eine gemeinsame, sachliche und gute Basis. Deshalb können wir ganz gut miteinander umgehen und auch unseren Managern gegenüber eine klare Linie verfolgen.«

Die Aufgabe der beiden Sprecher ist es nicht nur, Entscheidungen vorzubereiten, sondern auch, den PS-Clan zusammenzuhalten. Deshalb werden jährlich sämtliche Mitglieder zu einem großen Familientag eingeladen. Die Treffen dienen nicht nur dem Austausch von Erinnerungen und der Absprache künftiger Entscheidungen, sondern auch der Information. Regelmäßig stellen sich Vertreter des Managements vor und stehen dann sämtlichen Porsches und Piëchs für Fragen zur Verfügung. Auf diese Weise wird das Wissen um die beiden Unternehmen in die Familien hineingetragen. Die Auto-Dynastie lässt sich also gern informieren, ist ihrerseits aber äußerst wortkarg – zumindest nach außen hin: Es gibt weder Wortmeldungen zu wichtigen Themen, die eines der Porsche-Unternehmen betreffen, noch werden Berichte über die Firmen oder die Familien kommentiert oder dementiert.

Der Ursprung dieser restriktiven Informationspolitik liege im Jahr 1972, sagt Hans Michel Piëch: »Damals haben wir uns entschlossen, aus dem Unternehmen herauszugehen. Ich glaube, dass Öffentlichkeitsarbeit Angelegenheit des Managements ist. Da möchte die Familie nicht unbedingt dreinreden. Das überlassen wir im Wesentlichen den Managern, wir vertrauen ihnen. Und sie machen ihre Sache gut.« Cousin Wolfgang Porsche ergänzt mit einem Anflug von Selbstkritik: »Manches sollte man vielleicht kommentieren, aber ich glaube, es ist besser, man hält sich zurück, weil nichts ist so alt wie die Zeitung von gestern. Wenn man auf alles reagieren würde, was die Journalisten so schreiben, wäre das auch nicht gut. Vielleicht sind wir manches Mal zu ruhig. Aber ich glaube, wir haben an beiden Ecken sehr gute Öffentlichkeits-Herren. Die haben ein gutes Gespür.«

Die Porsches und Piëchs bleiben also gern unter sich und sie lassen sich auch nicht gern von anderen in die Suppe spucken. Daher stehen sie konsequenterweise mit der Börse auf Kriegsfuß. Ende 2004 zog die Porsche AG in Frankfurt vor Gericht und klagte die Deutsche Börse. Grund dafür: Die Sportwagenschmiede war 2001 aus dem Index MDAX geflogen, weil sie sich geweigert hatte, regelmäßig Quartalsberichte vorzulegen. Porsche verwies darauf, dass die europäische Leitbörse in London derartige Quartalsberichte nicht verlange. »Der Zwang zur Vorlage vierteljährlicher Berichte behindert Unternehmen in der Verfolgung langfristig angelegter Strategien«, verkündete Porsche-Boss Wendelin Wiedeking. Er verlieh damit einer Haltung Ausdruck, die so mancher Vorstand einer AG teilt, aber selten so deutlich ausspricht. Und er vertrat klar jene Linie, die ihm die beiden Eigentümerfamilien vorgeben: Langfristige Entwicklung hat Vorrang gegenüber kurzzeitigem Erfolg, und die Unabhängigkeit geht über alles. Bei der Klage um die Wiederaufnahme in den MDAX geht es aber um mehr als um eine grundsätzliche Debatte über Sinn oder Unsinn von Quartalszahlen: Viele Fonds kaufen vor allem Aktien, die in wichtigen Indizes enthalten sind. Daher bedeutete der Rauswurf aus dem MDAX eine potentiell geringere Nachfrage nach den Porsche-Papieren und damit einen erheblichen Kursdruck.

## *Der »Ernst-Fall«*

Die Porsches und Piëchs halten Familientraditionen hoch. Und eine solche besagt, dass in den beiden Unternehmen zwischen den einzelnen Zweigen Parität zu herrschen hat. Dieses ungeschriebene Gesetz wurde nur einmal gebrochen: Ernst Piëch, der älteste Sohn Louises, stürzte 1984 die beiden Familien in eine Krise, als er seine Anteile an der Porsche AG an einen arabischen Investor verkaufen wollte. Der ehemalige Co-Geschäftsführer des Porsche-Handelshauses in Österreich hatte sich beim Familientreffen in Zell am See im Herbst 1970 mit dem Rest der Familie verkracht und zog sich daraufhin mit 41 Jahren in die innere Emigration zurück.

Für beide Familien war der potentielle neue Miteigentümer nicht akzeptabel. Zum einen grundsätzlich, weil es sich weder um einen Porsche noch um einen Piëch handelte. Wohl aber auch, weil Anfang der Achtzigerjahre der palästinensische Terrorismus einen erneuten Höhepunkt erreichte. Für ein deutsches Unternehmen war es damals eingedenk der Geschichte nicht gerade politisch korrekt, einen arabischen Gesellschafter zu haben. Man aktivierte also das Vorkaufsrecht und sprang selbst als Käufer ein.

Der sogenannte »Ernst-Fall«, der Porsche-Zweig sprach sogar von »Verrat«, kostete die beiden Familien einen dreistelligen Millionenbetrag in Mark. So viel Geld war notwendig, um die Anteile aufzukaufen. Einen Teil des Geldes trieb der Clan auf, indem er über die Börse nicht stimmberechtigte Vorzugsaktien auf den Markt brachte. Fast 80 Millionen Mark steuerte die Porsche Holding bei. Realisiert wurde das über eine neu gegründete Beteiligungsgesellschaft mit Sitz in Stuttgart. Diese Porsche GmbH, die kaum mehr als einen Briefkasten besitzt, hält nun seit 1984 ein stattliches Paket an Porsche-Aktien. Mit dem »Ernst-Fall« ging nicht nur die Alleinherrschaft des PS-Clans über die Stuttgarter Sportwagenschmiede verloren, sondern auch die Parität zwischen den Familien. Der Anteil des »abtrünnigen« Piëch-Erben wurde nämlich zu gleichen Teilen zwischen den Familien aufgeteilt. Seitdem steht es bei den Stammaktien der Porsche AG 53,7 zu 46,3 Prozent für die Porsches. Der Gleichstand im Aufsichtsrat blieb davon aber unangetastet. Sorgte das Ausscheren von Ernst Piëch damals für große Aufregung, so heilte auch in diesem Fall die Zeit die Wunden: Ernst Piëch hat sich mit der Großfamilie längst wieder versöhnt und organisiert jedes Jahr das Familientreffen.

## *Konflikte unter der Tuchent*

Zweimal haben die beiden Zweige des PS-Clans sich zusammengerauft, um die Unabhängigkeit der Porsche-Autofabrik zu retten: im Zuge des »Ernst-Falls« 1984, zum zweiten Mal dann acht Jahre später, während der tiefgehenden Absatz- und Modellkrise des Unternehmens. Glaubt man zahlreichen Medienberichten, darf diese Einigkeit aber nicht über die ständigen Streitigkeiten innerhalb der und zwischen den beiden Zweigen hinwegtäuschen. Im nahen Umfeld des Auto-Clans selbst will man von Streitigkeiten nichts wissen. Wie in allen anderen Familien auch gebe es bisweilen unterschiedliche Ansichten. Entscheidend sei, dass die Porsches und Piëchs aufgrund der Parität dazu gezwungen sind, gemeinsame Entscheidungen zu treffen. Und beide Familien würden einen gemeinsamen Kurs verfolgen, der da lautet: Das Geschäft hat Vorrang; was verdient wird, soll in erster Linie wieder ins Geschäft investiert werden. Böse Zungen und die Medien wollen nicht so ganz an den Frieden im PS-Reich glauben. Die Konflikte würden, so wie es nun einmal die Art der Auto-Dynastie ist, weitgehend diskret ausgetragen – unter der Tuchent, wie man in Österreich sagt. Die beiden Familien pflegen ja bis auf wenige Ausnahmen auch sonst im Hintergrund zu bleiben.

Die wenigen existierenden Berichte vermitteln den Eindruck, es werde ständig subtil gestichelt. Die Rivalität stecke den beiden Zweigen halt in den Genen, zitiert das »manager magazin« einen Insider: »So sehr die beiden Stämme die Begeisterung für das Automobil teilen; in tiefster Seele sind sie eine ungleiche Fahrgemeinschaft: Hier die edlen Porsches mit dem berühmten Namen, oft Waldorfschüler, mit der Neigung zum Einlenken; dort die tüchtigen Piëchs, meist Internatskinder, aufs lebenslange Kämpfen geeicht.« Diese Einschätzung deckt sich auch mit Aussagen eines ehemaligen führenden Mitarbeiters der Holding, der die Piëchs als kühl und distanziert und die Porsches als offen bezeichnet. Bei so unterschiedlichen Eigenschaften sind Diskussionen und Missverständnisse vorprogrammiert, die manches Mal zu Konflikten führen können. Ferdinand Piëch beschreibt die fragilen Familienbande in seiner gewohnt pointierten Art: »Es konnte zu einem Karriereknick führen, wenn ich mal jemanden aus der Familie zu knapp begrüßte.«

Sein Bruder Hans Michel erweist sich, auf die Differenzen innerhalb des PS-Clans angesprochen, wiederum als Pragmatiker und glänzender Diplomat: »Das muss man von der emotionalen Seite her sehen. Wenn Menschen so lange gemeinsam in einer Familie leben, dann gibt es verschiedene Typen und unterschiedliche Meinungen. Die Kunst besteht darin, einen gemeinsamen Nenner zu finden. Das gelingt nur, wenn man einen sachlichen Zugang zueinander hat. Diese sachliche Grundlage bildet die Qualität, die man dann letztlich dem Management gegenüber darstellen kann.« Damit sagt er nichts anderes, als dass die beiden Zweige der Auto-Dynastie schon aus wirtschaftlichen Gründen dazu gezwungen sind, sich in schwierigen Fragen zu einigen und persönliche Konflikte hintanzuhalten. In der Vergangenheit dürfte das nicht immer ganz einfach gewesen sein.

Weitgehende Ruhe in die Porsche AG und in das komplexe und komplizierte Familiengefüge kehrte erst ein, als 1993 der ehemalige Henkel-Vorstandsvorsitzende Helmut Sihler den Vorsitz im Aufsichtsrat übernahm. Der Österreicher wird von allen Seiten ob seines Scharfblicks und seiner Kompetenz geachtet. Er schafft es geschickt, zwischen den beiden Familien einerseits und zwischen den Familien und dem Vorstand andererseits zu vermitteln. Wirkliche Konflikte kommen damit erst gar nicht auf. Vor allem sein Einvernehmen mit den beiden Clan-Sprechern ist hervorragend.

Und da waren bis 1998 beziehungsweise 1999 auch noch Ferry Porsche und seine Schwester Louise Piëch. Ferry bekam ja schon als Kind praktisch Benzin anstelle von Muttermilch eingeflößt. Er war schon die ersten Prototypen des Volkswagens Probe gefahren und baute das Konstruktionsbüro seines Vaters, das anfangs nur ein Dutzend Mitarbeiter hatte, zu einer Autofabrik aus, die weltweit gefragte Sportwagen produziert. Louise avancierte nach dem Tod ihres Gatten rasch zur uneingeschränkten Herrscherin des österreichischen Teils des PS-Reiches und legte während ihrer Zeit als Geschäftsführerin den Grundstein für Europas größtes Autohandels-Imperium. Schon allein aufgrund ihrer Erfahrungen und ihrer Leistungen, aber auch aufgrund ihrer natürlichen Autorität waren die Geschwister die »Paten« der PS-Dynastie, die Klammern, die das wirtschaftliche Reich und die beiden Familien zusammenhielten, von denen einige Mitglieder mit der Zeit immer weiter weg vom Auto drifteten. Als Louise Piëch 1999 verstarb, fürchteten einige Mitglieder der dritten Generation und vor allem auch das Management der Holding, das zweigeteilte Auto-Imperium könnte auseinanderbrechen. Bislang ist es jedenfalls gelungen, die Familien und die Unternehmen zusammenzuhalten. Wie lange das noch so bleibt, wird die Zukunft zeigen.

### *Porsche AG und Porsche Holding – ständige Rivalität*

Die beiden Unternehmen, die unter dem Namen Porsche firmieren, entwickeln sich prächtig und schreiben Jahr für Jahr Rekordumsätze und -gewinne. Der Erfolg scheint die Managements aber nicht zu einen – im Gegenteil: »In Stuttgart beobachtet man diese Entwicklung mit einigem Unbehagen. Wiedeking und Hellmaier – Porsche Stuttgart und Porsche Salzburg – mehren zwar gemeinschaftlich das Vermögen der gleichen Familien. Ein einheitlicher Porsche-Geist aber ist im austro-schwäbischen Imperium nur schwer auszumachen. Im Gegenteil: Die beiden Pole neiden einander den Erfolg«, schreibt dazu das »manager magazin«. Holding-Geschäftsführer Wolf-Dieter Hellmaier sieht die Lage etwas anders: »Als wir in Frankreich und in Spanien noch gemeinsame Joint Ventures betrieben haben, gab es in den früheren Geschäftsführungen durchaus Reibungsflächen in strategischen Fragen. Die Joint Ventures gibt es nicht mehr und die Rivalität ist einem wechselseitigen Respekt vor der Leistung des jeweils anderen gewichen. Uns hat immer die Begeisterung für die tollen Produkte aus Stuttgart verbunden. Die Porsche AG hat eine glänzende Entwicklung genommen und auch wir sind ganz gut unterwegs.«

Man sagt den Sportwagenbauern aus Schwaben nach, sie würden sich als die eigentlich Verantwortlichen für das weltweit positive Image sehen, das mit dem Namen Porsche verbunden ist. Auf die Autohändler aus Österreich sehen sie etwas hochnäsig herab. Die Übernahme der Salzburger Designfirma von Ferdinand Alexander Porsche durch die Porsche AG Ende 2003 entspricht in letzter Konsequenz der Haltung, alles kontrollieren zu wollen, was mit dem Namen Porsche verbunden ist. Weil die Rechte auf den Namen Porsche in Stuttgart liegen, stört es Wiedeking und Co, dass der »kleine Bruder im Süden«, der in Wirklichkeit um einiges größer ist, als »Porsche Holding« firmiert und so der Eindruck entsteht, die edle Sportwagenschmiede in Stuttgart würde von Krämern aus Salzburg ferngesteuert. Mit Argusaugen und wenig Freude beobachtet man daher auch die Tätigkeit der Holding-Tochter PGA, die in mittlerweile mehr als 200 Niederlassungen diverse Automarken führt.

Die Arroganz der Porsche AG gegenüber der Porsche Holding ist wohl ursprünglich auch der Tatsache entsprungen, dass die Porsche-Autofabrik von Beginn an international tätig war, während das Handelshaus über lange Jahre in Österreich vergleichsweise kleine Brötchen backte. Die Hochnäsigkeit der Stuttgarter erscheint aber angesichts der Geschichte alles andere als angebracht. Musste doch die Porsche Holding im Zuge des »Ernst-Falls« Geld für die Porsche AG aufbringen. Bereits zuvor, bei der Entwicklung des 928ers, war das Kapital aus Salzburg ebenso gefragt. Die »eher stillen Salzburger Manager« wiederum beklagen sich laut »manager magazin« über die stimmgewaltige, lautstarke »Porsche-Zweitmarke« Wiedeking. Und höflich und dezent, aber dennoch klar und deutlich verweisen sie darauf, sie hätten es nicht nötig zu betonen, wie erfolgreich die Holding sei. Und die Holding habe noch nie rote Zahlen geschrieben. Den Nachsatz »anders als die AG in Stuttgart« soll sich wohl jeder selbst denken. Und man verweist auch auf die Partnerschaft zwischen den beiden Unternehmen. Das soll heißen: Die Porsche-Sportwagen werden auch über das Vertriebsnetz der Porsche Holding verkauft, wobei hier die AG mehr auf die Holding angewiesen ist als umgekehrt.

Die beiden Unternehmen stehen für unterschiedliche Unternehmenskulturen, die vor allem mit ihrer Eigentümerstruktur zusammenhängen. Die Aktien der Autofabrik notieren an der Börse. Man ist also dazu verpflichtet, die Muskeln spielen zu lassen und regelmäßig pompöse Berichte über den Stand der Geschäfte abzuliefern – allein um die Aktionäre bei der Stange und damit den Kurs hoch zu halten. Schon aus diesem Grund muss die Porsche AG auf dem Markt lauter auftreten als die Holding. Und sie verfügt nicht über die starke Bindung an die beiden Zweige des PS-Clans wie die Holding. Diese ist nach wie vor ein reines Privatunternehmen – dementsprechend behandelt man das Geschäft auch als Privatangelegenheit. »Sie werden fast nie einen Auftritt der Holding erleben«, brachte es Pressesprecher Hermann Becker im Gespräch mit dem Verfasser auf den Punkt. »Wir haben nicht den Ehrgeiz zu sagen, wir sind die Größten, Tollsten und Besten. Sondern wir wollen mit den Marken, für die wir stehen, das Optimum herausholen.«

## 15. Die Porsches und Piëchs in Salzburg

Während andere prominente Erben sich gern in der Öffentlichkeit präsentieren und im Ruhm ihres Namens sonnen – mehr Leistung haben sie oft ohnehin nicht vorzuweisen –, üben sich die Mitglieder des Porsche-Clans großteils in Zurückhaltung, sobald es nicht ums Geschäft geht. Das ist zum einen das Ergebnis eines gesteigerten Sicherheitsbedürfnisses. Schließlich gehören die Piëchs und Porsches zu den reichsten Familien Österreichs und Deutschlands. Zum anderen entspricht es aber auch dem Naturell der PS-Dynastie. Politischen Einfluss haben die beiden Familien kaum, die Mitglieder bekleiden auch sonst keine prestigeträchtigen öffentlichen Ämter. Auch findet man nur wenig Berichte über die Porsches und Piëchs. Die Ausnahmen bilden der Sprecher des Porsche-Zweiges, Wolfgang Porsche, und Ferdinand Piëch, der schon allein von Berufs wegen in die Schlagzeilen kam. In geringerem Ausmaß ist auch Daniell Porsche vor allem in Salzburg durch sein soziales Engagement aufgefallen.

### *Das Schüttgut als Familiensitz*

Apropos Salzburg: Hier befindet sich seit dem Zweiten Weltkrieg der Sitz der PS-Dynastie. 1942 kaufte Ferdinand Porsche das Schüttgut in Zell am See, um für seine Familie eine Zufluchtsstätte zu schaffen. Die kleine Bezirkshauptstadt des Pinzgaues ist zwischen einem malerischen Gebirgssee und einem Gebirgsstock eingekeilt. In diese 9.600-Einwohner-Gemeinde mit barockem Zentrum und Fußgängerzone hat sich die Familie während des Zweiten Weltkriegs zurückgezogen, hier hat sie auch die Turbulenzen nach dem Zusammenbruch des Tausendjährigen Reiches abgewartet. Diesem Imperium, das letztlich nur zwölf Jahre überdauerte, hat die PS-Dynastie buchstäblich einen Teil der Grundmauern entzogen. Porsches Privatsekretär Ghislaine Kaes leitete für die Sanierung des Schüttgutes Baumaterial um, das eigentlich für die Residenzen der NS-Bonzen auf dem Obersalzberg gedacht war.

Hier im Pinzgau waren und sind die Porsches und Piëchs fest ins allgemeine Leben integriert. Viele Familienmitglieder besitzen weitläufige Ferienanwesen in der Region. Vor allem Louise Piëch fühlte sich in Zell am See mit Blick auf das Kitzsteinhorn und das Glocknermassiv heimisch. Von hier aus lenkte die »Chefin« ihren Porsche 911 manch steilen Weg hinauf und malte Landschaftsbilder – oft aus dem Auto heraus, hinter der eigens für sie gefertigten Weißglasscheibe.

Eine kleine Abzweigung von der Bundesstraße führt zum Schüttgut. Jährlich haben zehntausende Skifahrer von der benachbarten Areitbahn aus die Möglichkeit, das »Porsche-Gut«, wie es im Pinzgau auch genannt wird, aus der Luft zu betrachten: Zwei große Wirtschaftsgebäude und eine kleine, weiß getünchte Kapelle gruppieren sich um das Haupthaus: einen prächtigen und bestens gepflegten Pinzgauer Bauernhof mit einem aus Stein gemauertem Erdgeschoß und einem hölzernen Obergeschoß. Nichts weist darauf hin, dass es sich hier um den Stammsitz einer der erfolgreichsten Unternehmerfamilien im deutschen Sprachraum handelt. Den Hof entdeckte Ferry Porsche in den Dreißigerjahren auf einer seiner ausgedehnten Auto-Touren zufällig. Vater Ferdinand kaufte ihn dann. In der erwähnten Kapelle haben Ferdinand und Aloisia Porsche, Louise Piëch, Ferry Porsche und dessen geliebte Frau »Dodo« ihre letzte Ruhestätte gefunden. Das kleine Gotteshaus symbolisiert damit so etwas wie den Kern der Tradition des PS-Clans: Hier sind Porsches und Piëchs auf immer vereint!

Das Schüttgut ist aber mehr für die Familie als Gutshof und Begräbnisstätte. Es ist auch ihr Zufluchtsort, ihre Trutzburg. Hier auf das Schüttgut hat die Auto-Dynastie während des Zweiten Weltkriegs ihre Kinder in Sicherheit gebracht. Hier haben die Söhne Ferry Porsches und Louise Piëchs mit selbst geschnitzten Holzautos gespielt, hierher hat sich Ferdinand Porsche zurück-

gezogen, um das Ende des Krieges abzuwarten, in Richtung Schüttgut hat sich Anton Piëch vom Volkswagenwerk abgesetzt. Mit einem Wort: Mit dem Gehöft verbinden die beiden Familien jede Menge sentimentaler Erinnerungen. Die Bedeutung des Anwesens für den PS-Clan beschreibt Ferdinand Piëch in seiner »Auto.Biographie« ebenso kurz wie treffend: »Es liegt zufällig auf halber Strecke zwischen Wien und Stuttgart und wurde erst zum Treffpunkt, dann Zufluchtsort beider Familien und ist irgendwie auf rituelle Weise heute noch ein Treffpunkt der Piëchs und Porsches.« Ihn selbst zieht es übrigens mehr nach Dellach. Die dortige Porsche-Villa hat er vor mehreren Jahren den restlichen Erben abgekauft. Im Gespräch mit dem Autor erzählt der große Automobil-Manager, wie er als Knabe von vier, fünf Jahren in jener Baracke neben dem Haupthaus gesessen sei, in welcher der »beste Mitarbeiter« seines Großvaters, der Aerodynamik-Spezialist Josef Mickl, gearbeitet habe. Dort, unter dem Tisch hockend, habe er mitbekommen, wie hohe Offiziere Mickl von neuen fliegenden Bomben erzählten. Als er dann am Mittagstisch diese streng geheime Reichssache ausgeplappert habe, sei die Aufregung groß gewesen. Auch sonst verbindet Ferdinand Piëch mit Dellach noch viele Erinnerungen.
Zurück auf das Schüttgut: Hier fanden auch jährlich die Familientreffen statt, bei denen es nicht nur darum geht, die Kontakte innerhalb und zwischen den beiden Zweigen des Clans zu pflegen, sondern vor allem auch darum, die einzelnen Mitglieder auf die Porsche-Piëch-Philosophie und das Auto als identitätsstiftendes Produkt einzuschwören. Inzwischen wurde das Schüttgut von Wolfgang Porsche aus dem gemeinsamen Familienbesitz übernommen.



## *Die PS-Dynastie als lokaler Großunternehmer*

Die Porsches und Piëchs sind im Pinzgau ein bedeutender Wirtschaftsfaktor: Die Porsche Holding besitzt 48 Prozent der

Schmittenhöhebahn AG. Diese betreibt in der vom Wintersport abhängigen Region 28 Seilbahnen und Lifte und 75 Kilometer Skipisten. Weiters gehören der Holding 40 Prozent des Sportflugplatzes von Zell am See. Über die Anlage, die sich selbst als modernster Flugplatz Österreichs bezeichnet, ist das neue »Ferry Porsche Congress Center« im Zentrum von Zell am See auch direkt aus der Luft erreichbar. Für das Veranstaltungs- und Kongresshaus hat die Familie Porsche allerdings nur ihren Namen, nicht aber ihr Geld hergegeben. Ferry Porsche war Ehrenbürger der Stadt, mit seinem Namen will der örtliche Tourismus in Zukunft gut zahlende Kongressgäste anlocken. Angesichts der Tatsache, dass der Wert der Marke Porsche in die Milliarden geht, ist die Patenschaft ein sehr wertvolles Geschenk, auch wenn es die Familie Porsche selbst nichts gekostet hat. »Die Qualität muss stimmen, dann können wir auch unseren Namen hergeben«, sagte Wolfgang Porsche bei der Spatenstichfeier. Damit liegt die Latte für das Kongresszentrum ziemlich hoch.

Außerdem gehören die verschiedenen Familienmitglieder zu den größten Grundbesitzern der Gegend. Dadurch sind die Porsches und Piëchs auch immer wieder von regionalen Bauvorhaben betroffen. Und sie sind auch regionale Unternehmer: Wolfgang Porsche kaufte etwa 1987 das Renaissance-Schloss Prielau in der Nähe des Zeller Sees und baute das Anwesen, das sich einst im Besitz von »Jedermann«-Autor Hugo von Hofmannsthal befand, in ein Luxushotel um. Im angeschlossenen Restaurant verwöhnte in den Neunzigerjahren Starkoch Jörg Wörther die Gaumen der Gäste. Cousin Hans Michel Piëch besitzt nur unweit entfernt im Zeller Ortsteil Thumersbach das Landhotel »Erlhof«.

Das wirtschaftliche Engagement zeigt es: Das Salzburger Land ist seit den Vierzigerjahren nicht nur Rückzugsgebiet, sondern auch Wohnsitz zahlreicher Familienmitglieder. Ferry Porsche und Louise Piëch sind nicht nur hierzulande begraben, Louise Piëch lebte über Jahrzehnte im Pinzgau, Ferry verbrachte hier seinen Lebensabend. Von ihren Kindern wohnen etwa der Designer

Ferdinand Alexander Porsche, Hans-Peter Porsche, Hans Michel Piëch und Ferdinand Piëch in Salzburg. Letzterer ist gern und oft gesehener Gast bei den Salzburger Festspielen. Auch Wolfgang Porsche hält sich immer gern in der Mozartstadt auf, auch wenn er seinen Hauptwohnsitz vor allem wegen seiner Gattin in München hat. Der Sprecher des Porsche-Clans ist aber oft beruflich in Salzburg, schließlich leitet er den Aufsichtsrat der Porsche Holding, und er ist hier auch Teil der High Society. Zudem ist er in den Salzburger Revieren oft auf der Jagd anzutreffen.

Das Waidwerk ist eine Leidenschaft, von der viele Mitglieder der Familien Porsche und Piëch ergriffen waren und sind. Schon Ferdinand Porsche war begeisterter Jäger und kaufte in seiner Zeit bei Austro-Daimler eine Jagdhütte. Louise Piëch übernahm die Leidenschaft und ging bis ins hohe Alter beinahe täglich ins Revier, genauso wie Designer Ferdinand Alexander oder Wolfgang Porsche. Letzterer geht mit dem Thema, das ja nicht in allen Kreisen der Bevölkerung positiv aufgenommen wird, sehr offen um: »Ich bin Jäger – ich liebe Sauen«, sagte er einst der »Bild«-Zeitung. Eine Aussage, die wohl auch manche in seinem Bekanntenkreis als »shocking« empfunden haben werden. Seiner Liebe zur Natur, allerdings etwas beschaulicher, frönt auch Bruder Gerhard, der sich nie in die Geschicke der Familienunternehmen einmischte: Er ist leidenschaftlicher Landwirt und betreibt im Grenzgebiet zwischen Salzburg und Oberösterreich ein großes Gut. Auch von der vierten Generation leben einige Mitglieder in Salzburg: Daniell Porsche etwa ist oft weithin sichtbar, wenn er mit seinem Heißluftballon im Porsche-Design unterwegs ist.

## 16. Die wichtigsten Köpfe

*Ferdinand Alexander Porsche – der Kreative*

Er gilt als der kreative Kopf der Familie und hat sich mit dem Porsche 911 selbst ein Denkmal gesetzt. Der Designer Ferdinand Alexander Porsche, genannt »F. A.«, ist Ferrys ältester Sohn und damit Enkel von Clan-Begründer Ferdinand Porsche. Er kam am 11. Dezember 1935 in Stuttgart zur Welt, während im Konstruktionsbüro seines Großvaters die Arbeiten am ersten Prototyp des Volkswagens auf Hochtouren liefen. Als Kind riefen ihn seine Eltern »Butzi«, der Kosename ist ihm bis ins reife Mannesalter geblieben. Seine Schulzeit verbrachte Ferdinand Alexander zuerst in Zell am See, wohin die Familie ihre Kinder während des Zweiten Weltkriegs in Sicherheit gebracht hatte. Als sein Vater 1949 nach Stuttgart zurückkehrte, ging die gesamte Familie mit. »Butzi« besuchte in der schwäbischen Hauptstadt eine Waldorfschule, in der er seine gestalterischen Fähigkeiten entdeckte und entwickeln konnte.

*WALDORFPÄDAGOGIK UND ANTHROPOSOPHIE*
*Waldorfschulen sind Schulen in freier Trägerschaft, an denen nach der Pädagogik des österreichischen Philosophen, Pädagogen, Naturwissenschaftlers und Esoterikers Rudolf Steiner (1861–1925) unterrichtet wird. Ein »Sitzenbleiben« gibt es in Waldorfschulen nicht – die soziale Einheit der Klasse geht vor. Ab der neunten Schulstufe bleibt das Klassengefüge zumindest im Hauptunterricht bestehen. Die Mädchen und Burschen sollen aus dem Zusammensein mit unterschiedlich begabten Altersgenossen lernen. Ergänzt wird der klassische Lehrplan durch Fächer wie Handarbeit, Gartenbau, künstlerisch-praktischer Unterricht mit Holz- und Metallarbeiten und Eurythmie, eine expressive Bühnentanzkunst, die im Umkreis von Rudolf Steiner entstanden ist. Zudem gibt es mehrwöchige*

*Praktika und gemeinsame Theaterprojekte. Die Waldorfpädagogik ist eine der bekanntesten praktischen Anwendungen der ebenfalls von Rudolf Steiner begründeten Anthroposophie. Diese wird von ihren Anhängern als eine Erkenntnislehre angesehen, die zu eigenständiger Forschung auf geistigem Gebiet anleiten soll. Steiner betonte die Freiheit des Menschen, der sich von allen Formen der Bevormundung, auch solcher religiöser Natur, emanzipieren solle, um einen individuellen, trotzdem aber systematischen Zugang zu Phänomenen der »übersinnlichen Welt« zu erlangen. Anthroposophie baut auf dem Christentum auf, verbindet dieses jedoch mit der Vorstellung von Karma und Wiedergeburt. Kritiker sehen in der Anthroposophie eine esoterische Pseudowissenschaft, weil zentrale Elemente und Begriffe nicht wissenschaftlich überprüfbar sind – ein Vorwurf, den Steiner einst selbst bestärkt hat: Er verwendete den Ausdruck »Geheimwissenschaft« (Okkultismus), um auszudrücken, dass seine Lehre über das »bloße Verstandesdenken« hinausgeht.*

Nach der prägenden Schulzeit begann »Butzi« ein Studium an der Hochschule für Gestaltung in Ulm. Dieses musste er allerdings bereits nach zwei Semestern wieder abbrechen, weil der Prüfungsausschuss seine fachlichen Fähigkeiten bezweifelte. 1957 trat Ferrys Ältester in das Designerstudio der Porsche-Autofabrik ein. Der altgediente Chef-Gestalter Erwin Komenda nahm in unter seine Fittiche – vielleicht etwas zu viel. Denn schließlich kam es wegen F. A. zum Streit zwischen Komenda und Ferry Porsche: »Ich habe festgestellt, dass Komenda unbedingt seine Autos bauen wollte. Außerdem veränderte er stets die Styling-Entwürfe meines Sohnes in jene Geschmacksrichtung, die er und seine Herren vertraten«, schreibt Ferry Porsche in seinen Erinnerungen. 1962 setzte er Komenda als Leiter des Designstudios der Porsche-Autofabrik ab und hievte seinen Filius in diese Funktion. Im Fall des Falles zählen Familienbande eben doch mehr als langjährige Treue zu einem Unternehmen. Komenda sei aus allen Wolken gefallen, als er ihn von der Entscheidung informiert habe, erinnert sich Ferry Porsche. Letztlich

habe er den neuen Kurs aber mitgetragen. Die Frage ist, was Komenda wenige Jahre vor seiner Pensionierung auch anderes übrig geblieben wäre.
Ferdinand Alexanders Werk ist stark beeinflusst von der Lehre Rudolf Steiners. Dieser sagte unter anderem, jedes Ding solle anhand seiner Form erkennbar sein. Demzufolge betont F. A. immer wieder, Design sei kein Selbstzweck, sondern müsse sich aus funktionalen Gesichtspunkten erklären lassen. An technischen Geräten kritisiert er die Überfrachtung mit sinnlosen Ausstattungen: Man könne die einfachsten Funktionen nicht mehr erkennen, ohne eine Betriebsanleitung gelesen zu haben. Auch in der Formensprache des 911ers spiegelt sich die Ausbildung des Designers in einer Waldorfschule wider: Für Ferdinand Alexander entsteht der Reiz des 911ers aus der bewusst inszenierten Atmosphäre seiner spartanischen Sportlichkeit.
Auch bei den weiteren Typen der Autofabrik hatte der kreative Porsche seine Hände im Spiel. Sogar zum Design des Cayenne steuerte er seine Gedanken bei. Interessanterweise hat F. A. selbst nie einen Porsche-Sportwagen besessen. In seiner Garage stand über Jahre sein Traumauto, ein Jaguar, mit dem er aber kaum fuhr. Seine täglichen Wege legte er am liebsten mit einem Landrover zurück. Der eignet sich auch viel besser für die Jagd als ein Sportwagen oder eine Limousine – das Waidwerk ist neben dem Design die zweite Leidenschaft des Porsche-Sprosses.
Das Jahr 1972, der Rückzug der Familienmitglieder aus allen wichtigen Positionen bei Porsche, bedeutete auch für F. A. eine Zäsur. Anders als sein Lieblingscousin Ferdinand Piëch machte er sich selbstständig und gründete noch 1972 die Porsche Design GmbH. Zwei Jahre später übersiedelte er mit dem Unternehmen nach Zell am See. Bruder Hans-Peter war bis in die Neunzigerjahre Partner in einer Vertriebsgesellschaft, die sich um die Vermarktung kümmerte. Bei Porsche Design wurden zum einen Produkte entwickelt, die unter dem eigenen Markennamen verkauft wurden: So kam etwa 1973 ein Chronograph auf

den Markt, der als Accessoire für Porsche-Fahrer gedacht war. Bekannt sind auch Brillen, Golfschläger, Feuerzeuge, Taschenmesser und eine Pfeife mit Kühlrippen, die an den Zylinder des luftgekühlten Motors erinnern.

Zum anderen gestaltete man im Auftrag namhafter Kunden Produkte, die neben den Herstellerbezeichnungen den Zusatz »Design by F. A. Porsche« trugen, etwa Fernseher für Grundig, Telefone für die Deutsche Bundespost (später Telekom) und Samsung, Fotoapparate für Rollei und Fuji, Computer und Bildschirme für VPR Matrix und Samsung, Küchengeräte für Siemens und Schreibtischleuchten und Zimmerlampen für diverse Hersteller in Deutschland, Italien und Spanien. Darüber hinaus beschäftigte sich das Unternehmen auch mit der Gestaltung von Fahrzeugen aller Art. So existieren eine Studie für ein Motorrad, diverse Entwürfe für Fahrräder, das Rennboot »Kineo«, ein multifunktionales Autokonzept und ein Surfbrett. Außerdem hat Porsche die Niederflur-Straßenbahn der Wiener Linien entworfen.

Lange Jahre hat Porsche Design mit dem Schweizer Uhrenunternehmen IWC kooperiert. Kurz bevor diese erfolgreiche Zusammenarbeit zu Ende ging, kaufte Ferdinand Alexander 1998 über seine Beteiligungsgesellschaft die renommierte, aber nicht gerade gepflegte Uhrenmarke Eterna. Die Manufaktur, die 2006 ihr 150-jähriges Bestehen feierte, hat sich seit der Übernahme prächtig entwickelt. Sohn Oliver garantiert als Aufsichtsrat, dass das auch in Zukunft so bleibt.

Im Jahr 2003 verkaufte F. A. zwei Drittel seines bislang unabhängigen Desing-Labels an eine Tochtergesellschaft der Porsche AG. Der Hauptsitz des Unternehmens wurde nach Stuttgart verlegt. Damit endeten ein verwirrendes Kapitel in der Markengeschichte von Porsche und ein ständig schwelender Konflikt. Schließlich liegen die Namensrechte bei der Porsche AG in Stuttgart. Es war den Managern in Zuffenhausen immer ein Dorn im Auge, dass ein Design-Unternehmen mit dem Namen Porsche auftrat, auch wenn es einem Familienmitglied gehörte.

Seit der Übernahme durch die Porsche AG startet Porsche Design noch einmal so richtig durch. Derzeit wird kräftig expandiert: in Form von markenexklusiven Geschäften oder Shop-in-Shops. Inzwischen gibt es mehr als 30 davon – von Wien-Schwechat über München und Ho-Chi-Minh-Stadt bis nach Tokio. Nur etwas mehr als eine Handvoll gehört dem Unternehmen, der Rest arbeitet auf Franchise-Basis. Mittlerweile wird mit Produkten von Porsche Design ein Jahresumsatz von 100 Millionen Euro erwirtschaftet – Tendenz stark steigend. Dafür sorgt unter anderem eine Partnerschaft mit Adidas, in deren Rahmen Sportbekleidung sowie Golf- und Tennisausrüstung vermarktet werden soll.

Auch wenn Ferdinand Alexander Porsche 1972 aus dem Automobilwerk in Stuttgart ausgeschieden ist, blieb er mit der Gesellschaft verbunden. Von der Design-Abteilung wechselte er in den Aufsichtsrat, dessen Vorsitz er 1990 von seinem Vater Ferry übernahm. Zwei Jahre später gab er den Vorsitz an den ehemaligen Henkel-Chef Helmut Sihler ab. F. A. blieb aber im Aufsichtsrat. Erst 2005 zog er sich aus gesundheitlichen Gründen zurück. Sein Sitz im Kontrollgremium ging an seinen Sohn Oliver Porsche über. F. A. wurde zum Ehrenvorsitzenden ernannt. Diese Funktion war ursprünglich für seinen Vater Ferry eingeführt worden, nachdem sich dieser aus dem Geschäftsleben zurückgezogen hatte. Zudem saß F. A. im Aufsichtsrat der Porsche Holding. Diese Funktion übernahm Hans-Peter Porsche. Seinen Ruhestand verbringt der kreative Porsche größtenteils in der Stadt Salzburg und im Pinzgau.

### *Ferdinand Piëch – der bekannte Manager*



Ferdinand Piëch, in Abgrenzung zu seinen vielen Verwandten mit gleichem Vornamen als Kind oft »Burli« genannt, gehört zu den bekanntesten Mitgliedern der PS-Dynastie. Er ist aber aufgrund seiner Persönlichkeit auch ein Reibebaum. Von einer

Fachjury wurde der 1937 in Wien zur Welt gekommene Sohn Louise Piëchs im Jahr 1999 zum »Automanager des Jahrhunderts« gekürt. Der Grundstein zu dieser kometenhaften Karriere wurde durch eine profunde Ausbildung gelegt: Nach der Matura studierte er an der Eidgenössischen Technischen Hochschule (ETH) in Zürich Maschinenbau. Schon in seiner Diplomarbeit zeigte Ferdinand Piëch, dass ihn sein beruflicher Werdegang in die Automobilindustrie führen würde. Die Abschlussarbeit beschäftigte sich mit der Entwicklung eines Formel-1-Motors.

In den Jahren von 1963 bis 1971 war er bei der Porsche KG in Stuttgart tätig, am Schluss leitete er die Entwicklungsabteilung und die Produktion. In seiner Porsche-Zeit setzte Ferdinand Piëch wesentliche Aspekte im Rennsport. Sein Hang zu diesem teuren Bereich brachte ihn immer wieder in Konflikt mit Ferry Porsche und Produktionsleiter Hans-Peter Porsche. Nach dem freiwilligen Rückzug aller Familienmitglieder aus dem Management der Porsche-Autofabrik trat Ferdinand Piëch für kurze Zeit in die Fußstapfen seines Großvaters: Er gründete ein eigenes Konstruktionsbüro. Schon 1972 wechselte er aber in die Audi AG nach Ingolstadt. Dort war er ab 1975 Leiter der technischen Entwicklung und Vorstandsmitglied. In dieser Funktion war er für die Konzeption neuer Modelle und der ersten Plattform-Strategie für den Audi 80, Audi 100 und ab 1993 auch den Passat verantwortlich. 1983 wurde er stellvertretender Vorsitzender, 1988 übernahm er den Vorstandsvorsitz von Audi. Als solcher war er maßgeblicher Gestalter des Markenbildes. Entscheidende Innovationen, für die er die Verantwortung trug, waren etwa der permanente Allrad (»Quattro«) und der TDI-Motor. In seiner Zeit habe Piëch aus der Beamtenkarosse Audi eine schnittige Marke geformt, schreibt der »Tagesspiegel«.



Am 1. Jänner 1993 übernahm Ferdinand Piëch die Leitung des Mutter-Konzerns Volkswagen, und das in einer schwierigen Phase: Um die Kostenstruktur war es damals so miserabel bestellt, dass VW mit jedem verkauften Auto tiefer in die roten Zahlen rutschte. Der Verlust betrug 1993 unglaubliche 950 Millionen Mark. Piëch ging mit teilweise sehr ungewöhnlichen Methoden daran, das Steuer bei Volkswagen herumzureißen. Als eine seiner ersten Großtaten kann die Einführung der Vier-Tage-Woche gesehen werden: Anfang der Neunzigerjahre waren am VW-Standort in Wolfsburg laut Kostenrechnung um 30.000 Mitarbeiter zu viel beschäftigt. Eine Massenkündigung hätte das Land Niedersachsen in eine tiefe Krise gestürzt. Und sie lag wohl auch nicht im Interesse und im Naturell Piëchs. Dieser zögerte zwar nie, einen seiner Meinung nach unfähigen Manager zu feuern, pflegte aber zu den Belegschaften seiner Arbeitgeber immer gute Kontakte. Mit der Kürzung der Wochenarbeitszeit bei Lohn- und Gehaltsverzicht konnten die Kosten ohne den Rauswurf zehntausender Mitarbeiter gesenkt werden.

Nötig wurde die Vier-Tage-Woche erst durch die Arbeit des als »Kostenkiller« bekannt gewordenen Spaniers José Ignacio López de Arriortúa. Ihn warb Piëch von General Motors ab. López wurde VW-Einkaufsleiter, sein Job war es aber auch, die Produktion zu optimieren. Es sind Geschichten bekannt, wie er sich selbst an das Fließband stellte und die Arbeiter fragte, wie ihre Tätigkeit besser organisiert werden könnte. Berühmt-berüchtigt wurde der Spanier mit einem Programm zur Kostensenkung, das vor allem die Zulieferbetriebe belastete: Er konnte eine Milliarde Euro einsparen. Betroffen waren damals übrigens auch jene Unternehmen, die der Porsche Holding gehörten. »Wir haben niemanden geschont, als es um die Kosten ging«, scherzte Ferdinand Piëch im Gespräch mit dem Autor.

López' Stern bei Volkswagen sank, als er unter Verdacht geriet, Industriespionage begangen zu haben. Konkret wurde ihm vorgeworfen, er habe vertrauliche Daten von General Motors zu VW mitgenommen. Die Folgen waren mehrere Klagen gegen Volkswagen in den USA und in Deutschland. 1996 verließ López den Konzern und Volkswagen verpflichtete sich dazu, bei General Motors Teile im Wert von mindestens 100 Millionen

Dollar zu kaufen. In erster Linie handelte es sich übrigens um Autoradios. Aufgedeckt wurde die López-Affäre durch Abhörmaßnahmen des amerikanischen »Super-Geheimdienstes« NSA, weswegen bisweilen von einem Komplott die Rede war, in dem General Motors die Fäden zog. Piëch beschreibt sich in seiner »Auto.Biographie« als unschuldig Betroffenen: »Wir konnten in den öffentlichen Anschuldigungen vorerst nichts anderes sehen als die Reaktion eines beleidigten Mitbewerbers, der seinen besten Mann verloren hat. Später habe ich dann schon den Eindruck gewonnen, dass die GM-Leute *wirklich* [Hervorhebung im Original] der Meinung waren, dass ihnen von López und seinen Getreuen Böses angetan wurde, anders konnte ich mir nicht erklären, warum sie sich bis zum Gerede vom ‚größten Fall von Industriespionage in der Automobilgeschichte' verstiegen haben.«
Die López-Affäre gilt nicht gerade als Ruhmesblatt in der Biographie Ferdinand Piëchs. Wie sieht es im Vergleich dazu mit seinen Verdiensten um den VW-Konzern aus? Zum einen ist es ihm tatsächlich gelungen, Volkswagen zu sanieren. Enorme Kostenvorteile brachte etwa die von Piëch persönlich entwickelte Plattform-Strategie: gleiche Baukomponenten für verschiedene Modelle des Konzerns. Das erspart dem Unternehmen zwar viel Geld, hat aber umgekehrt den negativen Beigeschmack, dass der Kunde für gleiche Komponenten einmal Audi- und einmal Škoda-Preise bezahlen muss. Wie auch immer: 2001, das letzte Wirtschaftsjahr, für das Piëch als Vorstandsvorsitzender verantwortlich zeichnete, brachte für Volkswagen den Rekordgewinn von vier Milliarden Euro. Die Produktion wurde unter dem Enkel Ferdinand Porsches von rund drei auf mehr als fünf Millionen Autos gesteigert und der Anteil am Weltmarkt konnte um fast vier Prozent erhöht werden – auf insgesamt 12,4 Prozent.
Außerdem ist die Tatsache zu nennen, dass der ehemalige Audi-Boss Audi zur Premium-Marke des Konzerns machen wollte – eine Bestrebung, die zuerst mit Nachdruck verfolgt wurde, jedoch noch unter Piëchs »Herrschaft« wieder relativiert wurde.

Zudem sind unter ihm die beiden Töchter Seat und Škoda zu ernstzunehmenden Automarken aufgebaut worden. Anzuführen ist auch die Entwicklung des Drei-Liter-Autos Lupo sowie des Prototyps eines Ein-Liter-Autos, an dessen Steuer sitzend sich Piëch als Vorstandsvorsitzender verabschiedet hat. Das Drei-Liter-Auto ist übrigens das indirekte Verdienst des ehemaligen österreichischen Bundeskanzlers Franz Vranitzky. Der Sozialdemokrat übte 1990 im Parlament heftige Kritik an der Autoindustrie. Diese unternehme nichts für den Umweltschutz und bringe keine verbrauchsarmen Autos auf den Markt. Piëch, der damals als Audi-Vorstandsvorsitzender zu einer Runde von externen Beratern des österreichischen Kanzlers zählte, hörte die Botschaft und fasste sie als Anregung auf. Unmittelbar nach seiner Designierung zum VW-Vorstandsvorsitzenden kündigte Piëch an, bis zum Jahr 2000 ein Drei-Liter-Auto auf den Markt zu bringen. Er brachte damit erst das Thema Treibstoffsparen in den Konzern ein.

Darüber hinaus fiel in Piëchs Amtszeit der Ankauf der Nobelmarken Bentley und Bugatti. Allerdings erwies sich der Kauf der Rolls-Royce & Bentley Motor Cars vom Rüstungskonzern Vickers als nicht unumstrittene Investition. Als die britische Luxusmarke zum Verkauf stand, lieferten Volkswagen und BMW einander einen harten Übernahmekampf. BMW-Vorstand war damals übrigens Bernd Pischetsrieder, der spätere Nachfolger Piëchs am VW-Steuerstand. Volkswagen setzte sich schließlich durch und sicherte sich die Produktionsstätten von Rolls-Royce und die Marke Bentley. Allerdings lagen die Namensrechte an Rolls-Royce bereits bei BMW, sodass Volkswagen die prestigeträchtige, aber altmodische Marke an den Konkurrenten weiterverkaufte. Es konnte also nur der Markenname Bentley genutzt werden, dieser floriert aber über alle Maßen.



In diesem Zusammenhang war in diversen Medien von einer Niederlage Piëchs die Rede. Aus dem Umfeld der Familie hört man freilich eine andere Begründung: Es sei Piëch immer nur um Bentley gegangen, daran habe der VW-Boss bei Gesprächen im kleinen Kreis nie einen Zweifel gelassen. Rolls-Royce sei mit seinen Fahrzeugen so eindeutig positioniert, dass die Marke nicht mehr formbar sei, während Bentley zwar einen guten Namen, aber wenig bekannte Produkte habe, war offenbar das Kalkül Piëchs. Und die Rechnung dürfte aufgegangen sein. Schließlich verkauft BMW nur wenige Hundert Rolls-Royce pro Jahr, während sich Volkswagen und ganz besonders ihr Aufsichtsratsvorsitzender über den Absatz von mehr als 8.000 Bentleys freuen dürfen.

Der Kauf seines »englischen Patienten« war nur ein Ausdruck für eine Strategie, die ebenfalls mit Piëch verbunden werden kann: für den Einstieg des VW-Konzerns in das Luxus-Segment und die Höherpositionierung sämtlicher Typen. In einem Interview in den Neunzigerjahren meinte Piëch einmal, das, was heute Audi darstelle, werde in zehn Jahren Volkswagen sein. Und jene Modelle, die heute unter dem Namen VW zu haben seien, würden dann unter Škoda oder Seat firmieren. Wenn sich Volkswagen nicht nach oben orientiere, werde man von jenen Produzenten geschluckt, die sich von oben nach unten bewegen. Mercedes demonstrierte nach anfänglichen Problemen mit seiner A-Klasse deutlich, was Piëch gemeint hatte. Demzufolge war es nur logisch, dass Volkswagen mit dem Pheaton ein VW-Flaggschiff der obersten Preisklasse entwickelte. Ob dieses nun erfolgreich ist oder nicht, darüber scheiden sich heute noch die Geister. Zum Verkaufsstart wurden aus der VW-Zentrale 20.000 verkaufte Fahrzeuge pro Jahr als Ziel genannt. Diese Latte hat der Phaeton bislang deutlich verfehlt. Die Luxuskarosse von Volkswagen sei eine lahme Ente, die außer enormen Kosten dem Konzern wenig beschert, höhnt die Presse.

Auch hier gibt es zwei Seiten der Medaille: Der Pheaton ist das Prestige-Auto Volkswagens, und als solches hat er nicht nur die Aufgabe zu erfüllen, eine bestimmte Verkaufszahl zu erreichen. Das beginnt bereits bei der Produktion. Die »Gläserne Manufaktur« in Dresden ist längst schon Anziehungspunkt für Autofans aus aller Welt geworden. Hier wird übrigens nicht nur der Phaeton, sondern auch der linksgesteuerte Bentley erzeugt. »Ich wollte eine Autofabrik auf dem Markusplatz«, scherzte Piëch im Gespräch mit dem Autor. »Weil das aber nicht ging, haben wir als zweitbeste Lösung die Altstadt Dresdens gewählt.« Spaß beiseite! Dresden ist für Piëch eine der schönsten Städte Deutschlands, die mit der »Gläsernen Manufaktur« einen wesentlichen Wirtschaftsfaktor erhalten hat, der die Bedeutung der sächsischen Automobiltradition ganz entscheidend wiederbelebt. Außerdem finden sich technische Details, die direkt aus der Pheaton-Entwicklung resultieren, im gesamten Programm wieder. »Piëch hat den Luxus demokratisiert«, meint ein führender Mitarbeiter der Porsche Holding dazu. Alles in allem: Es greift zu kurz, den Erfolg des VW-Luxusmodells nur anhand einer Verkaufszahl zu messen, die ungeschickterweise in die Welt gesetzt wurde.

Als Minuspunkt auf Piëchs Bilanz als großer Lenker des Volkswagen-Konzerns muss vermerkt werden, dass wichtige Nischen unter dem Enkel Ferdinand Porsches von VW noch nicht besetzt wurden: So kam etwa der Geländewagen Touareg erst im Herbst 2002 auf den Markt, der Kompakt-Van Touran im darauffolgenden März. In beiden Segmenten waren die Mitbewerber bereits vertreten, teilweise seit Jahren. Und Piëch verabsäumte es, die Rolle Volkswagens als »Diesel-Großmacht« durch einen frühzeitigen serienmäßigen Einsatz von Partikelfiltern zu krönen.

Piëch war bis Mitte 2002 Vorstandsvorsitzender von Volkswagen. Dann wechselte er in den Aufsichtsrat, dessen Vorsitz er übernahm und auch heute noch innehat. Immer wieder gab und gibt es Kritik an dieser Rochade: Als oberster Kontrolleur des Vorstands erschwere es Piëch seinem Nachfolger Bernd Pischetsrieder enorm, Fehler der Vergangenheit zu korrigieren. Ein Schachzug wie dieser passt jedoch in das Persönlichkeitsprofil des Enkels von Ferdinand Porsche: Piëch eilt der Ruf voraus, er sei zwar ein brillanter Analytiker und Techniker, weise aber – gelinde gesagt – menschlich einige Kanten auf. So wird ihm immer wieder vorgeworfen, er trage die Verantwortung für den Rauswurf einiger Manager, sowohl bei Volkswagen als auch bei Audi.

Zu erwähnen ist etwa Franz-Josef Kortüm, der 1992 Piëch als Chef von Audi nachfolgte. Bereits nach 13 Monaten wurde er auf Betreiben Piëchs abgesetzt, weil der nunmehrige VW-Boss mit den Absatzzahlen seiner Tochter nicht einverstanden war. Das Pikante daran: Unter Piëch soll Audi auf Halde produziert haben. Auch der selbstbewusste Nachfolger Herbert Demel musste den Posten als Audi-Chef nach wiederholten Auseinandersetzungen mit Piëch bald wieder räumen. Danach war er Chef bei Fiat, das allerdings auch nur für kurze Zeit. Der nächste war Franz-Josef Paefgen. Ihm hat Piëch 2001 via Interview in der »Frankfurter Allgemeinen Zeitung« indirekt den Sessel vor die Tür gestellt, als er über den »Stillstand« bei Audi klagte.

Wiederholt hat Piëch auch am Sessel seines Nachfolgers in der VW-Vorstandsetage gesägt, so lange, bis Pischetsrieder im Herbst 2006 das Handtuch warf. Was bewegte Piëch dazu, jenen Nachfolger zu demontieren, den er selbst ausgesucht hatte? »Piëch ist um sein Lebenswerk besorgt«, wurde ein nicht namentlich genannter Automanager und langjähriger Weggefährte des Porsche-Enkels in der »FAZ« zitiert, als Piëch im Frühjahr 2006 öffentlich eine Verlängerung von Pischetsrieders Vertrag in Frage stellte. Er könne einfach nicht mit ansehen, wie Pischetsrieder mit seinem Nachlass umgehe, wie er die Luxus-Strategie scheibchenweise auf Eis lege und den Phaeton in Amerika gestoppt habe. Darüber hinaus warfen die Belegschaftsvertreter im Aufsichtsrat Pischtesrieder vor, dieser hätte wichtige Entscheidungen zu lange hinausgezögert. Das Tempo der Reform der Kernmarke VW soll auch Piëch viel zu langsam gewesen sein. Zudem dürfte das Verhältnis zwischen den beiden VW-Bossen am Ende auch persönlich zerrüttet gewesen sein. Die Demontage seines Nachfolgers ist nur logisch, wenn man die Person Ferdinand Piëchs betrachtet. In seiner »Auto.Biographie« schreibt er: »Mein Harmoniebedürfnis ist begrenzt … Aus tiefster Überzeugung habe ich lieber einen für die betreffende Situation unpassenden Topmanager gefeuert als eine Schwächung des Unternehmens zu riskieren.«

Neuer Vorstandsvorsitzender in Wolfsburg wurde der bisherige Audi-Chef Martin Winterkorn – wie sich die Geschichte wiederholt. Winterkorn ist nicht nur die gleiche Karriereleiter emporgeklettert wie Piëch, er ist auch dessen langjähriger Weggefährte und Vertrauter. Die deutsche Presse tituliert ihn sogar als »Piëchs Vollstrecker«. Das galt aber, wenn überhaupt, nur bis zu Piëchs Rückzug als Vorstandsvorsitzender. »Ich habe mit Winterkorn in den vergangenen viereinhalb Jahren wenig Kontakt gehabt«, erzählte dieser dem Verfasser, »aber er führt Audi so, wie ich mir gewünscht hätte, dass VW geführt wird.« Großes Lob zollt Piëch, der ja selbst aus dem Autobau kommt, den Produkten, die unter Winterkorn eingeführt wurden: »Einen Audi R8 habe ich das erste Mal gesehen, als er bereits fertig war. Ich hätte daran nichts anders gemacht.«

Ferdinand Piëch gilt nicht nur als Manager, der knallhart sein kann, wenn er es sein muss, sondern vor allem auch als glänzender Analytiker, der das Autogeschäft kennt wie kaum ein Zweiter. Legendär und gefürchtet sind bei Volkswagen und in beiden Porsche-Unternehmen das exzellente Gedächtnis und das hohe technische Verständnis des »Automanagers des Jahrhunderts«: »Wenn Sie im Aufsichtsrat 50 Folien zeigen, weiß er hinterher genau, ob etwas auf Folie eins eventuell nicht ganz gestimmt hat«, erzählte der Geschäftsführer der Porsche Holding, Wolf-Dieter Hellmaier, einmal dem »manager magazin«: »Der Herr Doktor Piëch versteht halt alles bis aufs i-Tüpferl.«

Und Piëch verfügt nicht nur über einen wachen Geist, sondern auch über ein beträchtliches Privatvermögen. Immerhin hält er 13,2 Prozent der Stammaktien der Porsche AG in Stuttgart. Zudem ist er Zehn-Prozent-Eigentümer der Porsche Holding in Salzburg, dem größten Privatunternehmen Österreichs. Er hat

zwölf Kinder mit vier verschiedenen Frauen, zwei davon mit der Ex-Frau seines Cousins Gerhard Porsche. Kinderreichtum ist also auch eine Sache der finanziellen Möglichkeit – zumindest im Falle Ferdinand Piëchs. Mittlerweile ist die wilde Zeit Ferdinand Piëchs aber vorbei. Er ist seit 1984 mit dem ehemaligen Kindermädchen seiner älteren Kinder verheiratet. Ursula Piëch ist eine äußerst liebenswürdige und offene Frau, die ihren Mann bei allen wichtigen öffentlichen Auftritten begleitet und auf die Persönlichkeit Ferdinand Piëchs großen Einfluss haben soll.
Ferdinand Piëch ist Ehrenbürger der Städte Ingolstadt, Wolfsburg und Chemnitz. Zudem ist er Professor ehrenhalber und Ehrendoktor an der Technischen Universität in Wien und er erhielt die Ehrendoktorwürde an der Eidgenössischen Technischen Hochschule in Zürich und an der Ben-Gurion-Universität in Beer Sheva. Die Auszeichnung aus Israel würdigt, dass unter seiner Zeit als Volkswagen-Lenker die Geschichte des Unternehmens im Dritten Reich aufgearbeitet wurde.
Trotz seiner Bekanntheit und seiner außergewöhnlichen Management-Fähigkeiten spielt Ferdinand Piëch innerhalb der PS-Dynastie nicht jene herausragende Rolle, die man eigentlich vermuten sollte. Seine Leidenschaft gilt Volkswagen, die Führung der Familie in ruhigen Zeiten ist nicht seine Sache. Er sitzt zwar in den Aufsichtsräten in Stuttgart und Salzburg, allerdings jeweils nur als einfaches Mitglied. Und im wichtigen Gesellschafterausschuss der Holding ist er nicht vertreten, denn das letzte Wort haben die Aufsichtsräte. Aus dem Umfeld der Familien hört man auch, dass die Rolle, die die Medien Ferdinand Piëch innerhalb des Auto-Clans zuschreiben, meist übertrieben wird. So habe er, obwohl er eigenen Angaben zufolge die Bestellung eingefädelt hat, weder Wendelin Wiedeking als Chef der AG durchgeboxt, wie oft geschrieben wurde, noch sei er für die Übernahme der VW-Mehrheit verantwortlich.

## *Wolfgang Heinz Porsche – der Porsche-Sprecher*

Der jüngste Sohn Ferry Porsches, der ausschließlich mit seinem ersten Vornamen angesprochen wird, ist – so wie seine drei Brüder – quasi mit Benzin in den Adern auf die Welt gekommen. »Es gab ja bei uns nichts anderes als Autos. Wir haben sie uns auch selbst geschnitzt und gebastelt«, verriet er dem »manager magazin« für eine neunteilige Serie, die Anfang 2005 erschien. Wolfgang Porsche ist Sprecher seiner Familienlinie. Als Vorsitzender des Aufsichtsrats der Porsche Holding, als Mitglied des Gesellschafterausschusses der Holding und als Mitglied des Aufsichtsrats der Porsche AG in Stuttgart laufen bei ihm alle wirtschaftlichen Fäden der Porsches zusammen. Obwohl er nicht im operativen Geschäft tätig ist, hat Wolfgang Porsche einen Fulltime-Job im Porsche-Piëch-Imperium.

Geboren wurde der jüngste Sohn von Ferry Porsche 1943 in Stuttgart. Seine ersten Jahre verbrachte Klein Wolfgang auf dem Schüttgut. Nach der Schule studierte er an der Hochschule für Welthandel in Wien, das Studium schloss er 1971 als Diplomkaufmann ab, zwei Jahre später folgte die Promotion. Ebenfalls 1973 machte sich Wolfgang Porsche als österreichischer Generalimporteur für Yamaha-Motorräder selbstständig – die JAMOTO-Gesellschaft hatte ihren Sitz in Wien. 1991 gründete er eine ungarische JAMOTO-Gesellschaft in Budapest. Ein Jahr später ging er in Österreich ein Joint Venture mit der Yamaha Motor Europe N.V. ein; das Unternehmen wurde in Yamaha Motor Austria umbenannt. 1993 folgte auch in Ungarn ein Joint Venture. Im Jahr 2000 verkaufte Wolfgang Porsche dann seine gesamten Anteile an Yamaha Motor Europe.



Neben seiner Tätigkeit als Motorrad-Importeur war der Porsche-Spross auch noch Angestellter, und zwar – wie könnte es auch anders sein – in einem Autokonzern: 1976 trat er in die Daimler-Benz AG in Stuttgart ein, wo er anfangs in verschiedenen Bereichen des Vertriebs im In- und Ausland tätig war.

Später wechselte er in die Verwaltung von Beteiligungen an Tochtergesellschaften in den USA, in Kanada, in den Niederlanden und in der Schweiz. 1981 verließ Wolfgang Porsche den Daimler-Benz-Konzern.

Im Familiengeschäft ist er seit 1978 engagiert: Damals wurde er in den Aufsichtsrat der Porsche AG gewählt. Seit 1983 ist er zudem in den verschiedenen (Aufsichts-)Gremien der österreichischen Hälfte des PS-Imperiums tätig, unter anderem als geschäftsführender Gesellschafter der Porsche Holding in den Jahren von 1988 bis 1996. Wolfgang Porsche sei eine »herausragende Unternehmer-Persönlichkeit«, lobte niemand Geringerer als Bundeskanzler Wolfgang Schüssel, als er ihm das Goldene Ehrenzeichen für Verdienste um die Republik Österreich verlieh: »Sein wirtschaftliches Engagement ist für Salzburg und Österreich von großer Bedeutung.«

Porsche ist nicht nur Unternehmer, sondern auch Kunstliebaber. Er sitzt im Stiftungsrat der »Salzburg Foundation«, einer Stiftung, die es sich zum Ziel gesetzt hat, das Weltkulturerbe Salzburger Altstadt kulturell weiterzuentwickeln, indem sie der Stadt jährlich ein größeres modernes Kunstwerk schenkt. Dieses wird dann auf einem Platz in der Salzburger Altstadt aufgestellt. Ganz ungetrübt ist die Freude über die teuren Geschenke bei den Salzburgerinnen und Salzburgern jedoch nicht. Im Jahr 2005 etwa stellte der Bildhauer und Maler Markus Lüpertz eine Mozartstatue auf, die so gar nicht dem Geschmack vieler Stadtbewohner und Gäste entsprach. Neben teils heftiger und polemischer Kritik wurde die Statue von einem selbst ernannten Denkmalschützer sogar mit Farbe übergossen und gefedert.

Zurück aber zu Wolfgang Porsche. Der legt auch selbst Hand an, wenn es um die Kunst geht, allerdings im positiven Sinn: Er betätigt sich als Kunstmaler. Glaubt man diversen Kritikern, so zeugen seine Bilder durchaus von Talent. Inwieweit bei diesen Urteilen der Name des Künstlers eine Rolle spielt, kann und wagt der Verfasser hier nicht zu beurteilen.

Gattin Susanne besitzt eine Filmproduktionsfirma und produzierte etwa »Bunte TV« und mehrere Fernsehfilme, die in Salzburg spielen. Damit hat sie im deutschen Fernsehen kräftig die Werbetrommel für jenes Bundesland gerührt, mit dem sich die Familie ihres Mannes ganz besonders verbunden fühlt. Außerdem versuchte sich Frau Porsche als Buchautorin. Unter dem Titel »Kinder brauchen Werte« schrieb sie einen »kompetenten Ratgeber für engagierte Eltern«. Und sie verfasste ein 750-Seiten-Epos über ihren Schwiegervater mit dem Titel »Ferrytales. Seitenblicke auf Ferry Porsche«. Susanne Porsche gehört von Berufs wegen der Münchner High Society an. Ihr Gatte begleitet sie des Öfteren. Damit sind die beiden die einzigen Vertreter der PS-Dynastie, die regelmäßig auf den Klatschseiten der Presse zu finden sind. Das hat Wolfgang Porsche den Beinamen eines Society-Löwen eingebracht – eine Zuschreibung, über die er sich maßlos ärgert.
Das Paar lebt zwar in München, der derzeitige Sprecher des Porsche-Clans bekennt sich aber zu seiner österreichischen Heimat: »Obwohl ich in München lebe, bin ich stolz auf meine österreichische Staatsbürgerschaft. In Österreich bin ich fest verwurzelt.« Hier, im Salzburger Pinzgau, besitzt Wolfgang Porsche das Luxushotel Schloss Prielau. Und er hat 2003 auch das Schüttgut übernommen und ist damit Großbauer – zumindest für österreichische Verhältnisse: 140 Rinder weiden auf den Wiesen des weitläufigen Gutes, darunter auch einige preisgekrönte »Porsche-Kühe« des Typs Pinzgauer.

## *Hans Michel Piëch – der Piëch-Sprecher*

Der jüngste Sohn Louise Piëchs wurde von seiner Mutter und seinem Onkel Ferry Porsche als Sprecher des Piëch-Zweiges eingesetzt. So wie bei seinem Porsche-Gegenüber Wolfgang laufen bei ihm alle wirtschaftlichen Belange zusammen. Aufgewachsen ist der Vater von sechs Kindern in Wien. Dort begann er nach der Matura auch das Studium der Rechtswissenschaft, das er 1970 mit

der Promotion abschloss. Seine ersten beruflichen Erfahrungen machte Hans Michel Piëch bei Gulf Oil in Pittsburg, wo er allerdings nur kurze Zeit tätig war. Ebenfalls kurz war 1971/72 das Engagement bei der Porsche KG in Stuttgart. Nach dem Rückzug sämtlicher Familienmitglieder aus dem operativen Geschäft ließ sich der jüngste Piëch-Sohn in den Jahren von 1973 bis 1976 zum Rechtsanwalt ausbilden. 1977 machte er sich als Anwalt mit dem Fachgebiet Wirtschaftsrecht selbstständig.
Michel, wie der Repräsentant seines Zweiges nur genannt wird, sitzt seit 1990 beziehungsweise 1996 in den Aufsichtsräten der Porsche AG und der Porsche Holding. Und er führt den Vorsitz im eigentlichen Leitungsgremium der Holding: im Gesellschafterausschuss. Im Gegensatz zu seinem um fünf Jahre älteren Bruder Ferdinand, dem man viele menschliche Kanten nachsagt, gilt Michel als ruhig, überlegt und als Pragmatiker. Damit eignet er sich hervorragend als Sprecher, dessen Aufgabe es ist, die Interessen seiner Familie zu vertreten. Zusammen mit seinen formalen Pflichten in den Gremien wäre das schon ein Fulltime-Job. Dennoch betreibt Hans Michel Piëch noch weiterhin seine Anwaltskanzlei im ersten Bezirk in Wien, also in bester Lage. Allerdings räumt er ein: »Ich habe früher etwas mehr gemacht. Ich betreibe das heute sehr restriktiv.« Wolfgang Porsche scherzt, sein Cousin habe »zunehmend Privates zu tun«.

### *Ferdinand Oliver Porsche – der zukünftige starke Mann*

»Ihm munden die Cola-Fläschchen von Haribo, er schnarcht auf Langstreckenflügen, wird morgens oft erst nach zehn Uhr richtig munter und verabscheut – na, was wohl? – Langsamkeit. Solcherlei Amüsantes schrieb Oliver Porsche einst in einen Personality-Fragebogen.« Glaubt man der Kurz-Charakterisierung durch das »manager magazin«, nimmt der Sohn von Ferdinand Alexander Porsche das teils so beinharte Business nicht immer tierisch ernst.

Geschadet hat ihm diese Einstellung offenbar nicht. Ferdinand Oliver Porsche, der nur mit seinem zweiten Vornamen gerufen wird, ist als Vertreter der vierten Generation drauf und dran, die neue Leitfigur seines Familienzweiges zu werden. Er sitzt bereits anstelle seines Vaters im Gesellschafterausschuss der Porsche Holding und seit Anfang 2005 im Aufsichtsrat der Porsche AG. Das österreichische Wirtschaftsmagazin »Format« hat ihn bereits als »starken Mann« und »neue Nummer eins« gefeiert. Die Piëchs sollen zwar skeptisch sein, wie man hört, was ja nicht das erste Mal wäre, wenn es um einen Porsche geht. Dennoch können sie nicht verhindern, dass es mittlerweile so etwas wie einen »Oliver-Hype« (»manager-magazin«) gibt.

Oliver Porsche verfügt – wie so viele Mitglieder der Auto-Dynastie – über eine profunde Ausbildung. Studiert hat er die Juristerei, Publizistik und Politikwissenschaft an den Universitäten von Paris, London und Salzburg. Zudem hat er sich im Rahmen eines MBA-Lehrgangs (Master of Business Administration) an der renommierten University of Toronto kaufmännische Zusatzqualifikationen erworben. In der Vergangenheit war er Wirtschaftsprüfer und hat die Geschäfte der Designfirma seines Vaters geführt. Seit der Übernahme der Schweizer Uhrenmarke Eterna durch die Beteiligungsgesellschaft seines Vaters sitzt er zudem in deren Verwaltungsrat.

Derzeit wird Oliver Porsche behutsam an seine Führungsrolle herangeführt. Der PS-Clan scheut zwar die Öffentlichkeit, hin und wieder muss man aber auch Gesicht zeigen – vor allem, wenn es ums Geschäft geht. Fixtermine sind etwa Grundsteinlegungen neuer Zweigstellen der Porsche Holding in Osteuropa oder Veranstaltungen des Porsche-Clubs in Pennsylvania. Bei solchen Anlässen hat der vermutlich zukünftige Sprecher des Porsche-Zweiges schon mehrere Male die Familien repräsentiert und diese Aufgabe zur vollsten Zufriedenheit aller Beteiligten gelöst.

*Florian Piëch – der zweite Hoffnungsträger*

Florian Piëch ist quasi ein »Opfer« der Kommunikationspolitik der PS-Dynastie. Der Sohn von Ernst Piëch sitze zwar im Gesellschafterausschuss der Porsche Holding, ist über den Mittvierziger im »manager magazin« zu lesen, habe aber wenig Aussicht auf eine führende Rolle. Dabei ist das genaue Gegenteil der Fall: Florian Piëch gilt so wie sein fast gleich alter Cousin 2. Grades Oliver Porsche als zukünftiger starker Mann in der PS-Dynastie. Auch wenn sich sein Vater im Gefolge des »Ernst-Falls« für einige Jahre von der Familie entfernte, blieb Florian Piëch ein Autonarr, der die Nähe zum traditionellen Geschäft des Clans suchte.

So wie Oliver Porsche drängte er sich nicht auf, er ist einfach jener Vertreter seiner Generation, der sich am meisten für das Auto interessiert. Damit ist er prädestiniert für eine zukünftige Führungsrolle. Das Benzin-Gen liegt ihm quasi im Blut: Schließlich kann er mit seinem Urgroßvater Ferdinand Porsche und seinem Großvater Heinrich Nordhoff gleich zwei Auto-Legenden zu seinen Vorfahren zählen. Florian Piëch ist Betriebswirt, arbeitet als Unternehmensberater und lebt in Salzburg. Er ist Mitglied des Gesellschafterausschusses der Porsche Holding und sitzt in mehreren Aufsichtsräten deutscher High-Tech- und IT-Unternehmen.

Die Rolle, in die Florian Piëch und sein Cousin 2. Grades Oliver Porsche gedrängt werden, ist keine einfache. Noch ist nicht entschieden, ob die beiden überhaupt die zukünftigen Führungsfiguren des zweigeteilten PS-Clans sein werden, auch wenn Wolfgang Porsche keinen Zweifel daran lässt, dass die Suche nach geeigneten Nachfolgern für ihn und seinen Cousin Hans Michel Piëch bereits weit gediehen ist: »Nachdem wir beide als Sprecher auch älter werden, muss ja irgendwann jemand nachkommen. Und darauf versuchen wir uns in kleinem Kreis vorzubereiten. Die [zukünftigen Familiensprecher] müssen sich dann in ihrem Kreis, in ihrer vierten Generation, durchsetzen können und auch ein Gefühl, ein Gespür haben, sowohl für die Geschäftsführer als auch für die Familienmitglieder. Deswegen kann man nicht einfach sagen: ‚Der muss das machen.' Es muss sich ja weisen, ob er das Gespür hat. So gesehen sind wir zwar ständig dran, aber es ist nicht entschieden, das wird der A oder der B.«

Von den zukünftigen Sprechern erwartet sich Wolfgang Porsche, dass diese auch ihren eigenen Weg gehen, außerhalb des geschützten Bereichs der PS-Dynastie: »Jeder soll seinen eigenen Beruf, sein eigenes Leben haben. Die Schwierigkeit ist, sein eigenes Leben zu gestalten, auf eigenen Beinen zu stehen, aber trotzdem nicht die Verbindung zum Unternehmen zu verlieren. Man darf aber dem Unternehmen auch nicht so nahe sein, dass man sich hinsetzt und sagt: Ich bin jetzt da, und jetzt muss mich das Unternehmen sozusagen durchs Leben tragen. Das kann's auch nicht sein.« Wolfgang Porsche ist niemand, der Wasser predigt, aber Wein trinkt. Das zeigt sich schon daran, dass er mehr als 25 Jahre lang erfolgreicher Importeur von Yamaha-Motorrädern war.

Wenn man dieses Anforderungsprofil betrachtet, erkennt man in wesentlichen Bereichen Oliver Porsche und Florian Piëch wieder. Vielleicht sagt deshalb Hans Michel Piëch im Gespräch mit dem Verfasser: »Wir haben ja selber auch einen Generationenwechsel erlebt. Der hat ja auch stattgefunden. Daher wissen wir über die heiklen Punkte, die bei so einem Generationenwechsel eine Rolle spielen.« Derzeit gibt es ein Nebeneinander von Alt und Jung, wobei die Jungen in Gestalt von Oliver Porsche und Florian Piëch sukzessive mehr Verantwortung übertragen bekommen, aber noch jederzeit abgelöst werden können.



## *Peter Daniell Porsche – das soziale Gewissen*

Peter Daniell Porsche, er wird eigentlich nur mit seinem zweiten Vornamen angesprochen, ist so etwas wie der bunte Vogel und das soziale Gewissen des Porsche-Piëch-Clans. Während seine

Onkel und Cousins meist in eleganten, dunklen Anzügen anzutreffen sind, kommt der Sohn von Hans-Peter Porsche leger daher. Auf teure Kleidung legt er keinen Wert. Bei einer Baustellen-Besichtigung mit dem Verfasser tauchte er mit schmutzigen Schuhen, dreckiger Hose, Hemd mit offenem Kragen und verknittertem Sakko auf. Von einem Porsche-Erben würde man sich ein anderes Outfit erwarten. Skurril wirkte sein Auftritt, da Daniell Porsche nicht stilgerecht mit einem dicken Auto, sondern mit einem Traktor (!) vorfuhr. Er habe gerade einen großen Stein abholen müssen, der Wechsel auf sein Auto sei ihm zu umständlich gewesen. Mit einem Wort: Daniell Porsche ist völlig unkompliziert und wirkt – vor dem Hintergrund seiner Familie betrachtet – ein wenig schrill. Sobald er jedoch zu sprechen beginnt, merkt man seine Kinderstube. Die wachen Augen zeugen von regem Geist und Daniell Porsche vermittelt innere Ruhe und Ausgeglichenheit. Vielleicht auch, weil er es geschafft hat, sich von der wirtschaftlichen Hektik fernzuhalten, die viele Mitglieder seiner Familie umgibt.

Daniell Porsche räumt offen ein, dass er sich nicht ums Familiengeschäft kümmert. Zudem ist er leidenschaftlicher Kritiker eines allmächtigen Kapitalismus: »Die Wirtschaft und deren Gewinnorientiertheit macht ungesunde Fortschritte«, meint er in einem Interview mit der Lokalzeitung »Salzburger Fenster«: »Wirtschaft hat eine soziale Verpflichtung!« Von der Kritik am Kapitalismus bis zum sozialen Engagement ist es nur ein kleiner Schritt: In St. Jakab am Thurn, einem Ortsteil der Salzburger Vorstadtgemeinde Puch, kaufte Daniell Porsche 2004 den »Schützenwirt«, einen alten Gasthof, den er um sieben Millionen Euro aus seiner Privatschatulle in eine Waldorfschule umbauen ließ. Angeschlossen sind Therapieräume und ein Bio-Restaurant, das nicht nur Schüler und Betreuer, sondern auch zahlende Gäste versorgt. Der bekennende Anthroposoph ist selbst ausgebildeter Waldorf-Musikpädagoge. Für den Bau seiner Schule hat der als schwerreich geltende Porsche-Erbe nach eigenen Angaben einen Kredit aufnehmen müssen: »Ich schüttle das nicht aus dem Ärmel.«

Im Waldorf-Zentrum in St. Jakob – benannt ist es nach Paracelsus, dem berühmten Medikus der beginnenden Neuzeit – werden 27 Mädchen und Buben mit Lernschwächen im Alter von sieben bis 17 Jahren von 21 Lehrern betreut. Erklärtes Ziel ist es, die Kinder wieder in den Regelschulbetrieb einzugliedern. Um die Schützlinge, die aus einem Umkreis von 80 Kilometern kommen, noch besser betreuen zu können, hat Daniell Porsche zusätzlich ein altes Bauernhaus gekauft. Die Kinder – sie stammen allesamt aus sozial benachteiligten Familien – können dort nachmittags spielen und in der Landwirtschaft mitarbeiten. Der Umgang mit Tieren, der Anbau von Gemüse und alltägliche Hausarbeiten wie Kochen und Wäsche waschen sollen den Kindern und Jugendlichen »die allereinfachsten Notwendigkeiten« verständlich machen. »Lebensschule« nennt Daniell Porsche sein Projekt, bei dem er von der Planung bis zur Bauleitung alle Fäden fest in der Hand hielt.

Das Waldorf-Zentrum in St. Jakob ist übrigens handyfreie Zone. Alle Beschäftigten sind per Dienstvertrag angehalten, auf Mobiltelefone zu verzichten: »Ich habe da ein gewaltiges Problem bei Kindern. Die gepulste Strahlung durchbricht die Gehirnströme. Das schädigt unser Gehirn«, erklärte Daniell Porsche gegenüber dem »Wirtschaftsblatt«. Um seine persönliche Meinung auch wissenschaftlich untermauern zu können, unterstützt er eine umweltmedizinische Studie des Landes Salzburg mit 150.000 Euro. Das Geld soll dazu dienen, den Zusammenhang zwischen elektromagnetischen Feldern und Krebserkrankungen zu erforschen.

# WOHIN GEHT DIE REISE?

Mehr als 130 Jahre nach der Geburt Ferdinand Porsches ist die Zahl seiner Nachkommen auf mehr als 60 angewachsen. Und diese verdienen mit dem Namen Porsche mehr Geld denn je. Porsche, das sind nicht nur kultige Sportwagen, sondern auch zwei europäische Leitbetriebe: die Porsche AG, die Sportwagenschmiede in Stuttgart samt angeschlossenem Entwicklungszentrum, die wirtschaftlich dasteht wie keine andere Autofabrik weltweit, und die Porsche Holding, Österreichs größtes Privatunternehmen und Europas größter Autohändler. Kontrolliert werden die beiden Hälften des PS-Imperiums noch immer von den Familien Porsche und Piëch. In der Vergangenheit sind, wie dieses Buch zeigt, notgedrungen auch einige Gräben aufgerissen worden. Die beiden Familienstämme spiegeln nicht nur unterschiedliche Mentalitäten wider, sie halten auch zwei Konzerne zusammen, die ebenfalls unterschiedliche Kulturen repräsentieren: Die Fabrik im Schwabenland, die als börsennotierte Aktiengesellschaft laut und pompös auftritt, und das Autohandelshaus in Österreich, das Geschäft weitgehend als Privatangelegenheit versteht, die niemanden etwas angeht.

Das Sagen hat derzeit in den Personen von Wolfgang Porsche, Hans Michel und Ferdinand Piëch noch die dritte Generation, die vierte wird aber schon eingebunden – vor allem in der Gestalt Oliver Porsches und Florian Piëchs. Von ihnen erwartetet man Gigantisches, sollten sie die Rolle der Sprecher übernehmen: Sie sollen zwei Familien zusammenhalten, die einander in der jüngeren Vergangenheit nicht immer besonders gut verstanden haben und deren Beziehungen untereinander auch aufgrund der Größe immer lockerer werden. Mit dem Auto als identitätsstiftendes Produkt und Handelsgut sind die meisten Träger der Namen Porsche und Piëch nur mehr lose verbunden.

Die Aufgabe ist also schwierig, daher wollen die beiden aktuellen

Familiensprecher auch niemanden in die Führungsrolle drängen: »Man muss einfach erkennen, dass unsere Kinder unterschiedlich sind«, sagt Hans Michel Piëch. »Der eine hat dieses Interesse, der andere jenes. Der eine ist besser geeignet, der andere weniger. Wir haben die Chance, dass wir bei der Auswahl vernünftig vorgehen und die Kinder rechtzeitig an die Dinge heranführen und auch feststellen können, ob überhaupt das Interesse vorhanden ist, hier mitzumachen. Wenn nicht der Funke überspringt zum Unternehmen, dann wird es relativ schwierig sein, so jemanden einzubinden. Wenn aber jemand Interesse hat, die Prozesse mitdenkt und sich in die Rolle hineinfühlen kann, dann wird es funktionieren. Der Vorteil ist, dass wir doch so nahe am Geschäft dran sind, dass wir die Prozesse, die dort stattfinden, erfassen, erkennen und auch ein bisschen beurteilen können. Damit haben wir mit dem Management eine Ebene zu diskutieren, wo man das Gefühl dafür bekommt, welche Risken das Management mit unserem Geld eingeht. Das ist, glaube ich, das Wichtigste. Und das müssen wir unseren Kindern beibringen beziehungsweise wir müssen sehen, ob der eine oder andere dafür geeignet ist.«

Was passiert, wenn die dritte Generation, deren Mitglieder allesamt schon über sechzig sind, endgültig abtritt? Es besteht die Gefahr, dass der Name Porsche in Zukunft zwar als Synonym für edle Sportkarossen und europaweiten Fahrzeughandel erhalten bleibt, hinter diesem Namen dann aber keine Familienunternehmen mehr stehen. Derzeit muss im Porsche-Piëch-Imperium der in jüngster Zeit so oft kritisierte Shareholder-Value noch zugunsten langfristiger Entwicklung zurückstehen. Von einem Stakeholder-Value, der neben den Aktionären auch die Mitarbeiter und das soziale, politische und geographische Umfeld des Unternehmens berücksichtigt, spricht Bankier Heinrich Spängler im Zusammenhang mit Familienunternehmen. Seine mehr als 100 Jahre alte Salzburger Privatbank hat sich auf die Verwaltung großer privater Vermögen spezialisiert, darunter auch des eigenen. Spängler weiß daher, wovon er spricht, wenn er die

Vorteile des Stakeholder-Value gegenüber dem Shareholder-Value hervorhebt.
Schon jetzt gibt die Börse der Porsche AG teilweise den Kurs vor. Und damit ist nicht nur der Preis der Aktien gemeint, sondern auch die Richtung, in die sich das Unternehmen entwickeln soll. Zweimal hat der PS-Clan in der Vergangenheit tief in die Tasche gegriffen, um wirtschaftliches Ungemach von der Porsche AG fernzuhalten und die Unabhängigkeit des Unternehmens zu sichern: im Zuge des »Ernst-Falls« im Jahr 1984 sowie fast zehn Jahre später bei der großen Krise, als die Porsches und Piëchs aus ihren Privatschatullen das Kapital der Porsche AG erhöhten. Ob die Familien das Unternehmen angesichts des ständigen Wachstums der Porsche AG, das vom Markt und von der Börse gefordert wird, auch noch in Zukunft aus der eigenen Tasche sanieren könnten, ist mehr als fraglich. Die Firma strebe in eine Dimension, bei der sie im Krisenfall durch die Familien kaum noch zu retten wäre, glauben Experten.
Außerdem droht die Porsche AG mit zunehmender Größe die Exklusivität und damit das Charisma ihrer Produkte zu verlieren. So wie sich mittlerweile viele wirklich Reiche von den Golfplätzen zurückziehen, weil sie dort nicht ihre Haushälterinnen treffen wollen, könnte auch der Stamm-Markt der Sportwagenschmiede wegbrechen. Die Porsche AG ist aber zum Wachstum verdammt: Schließlich werden sieben von zehn Porsches, die je gebaut wurden, noch immer gefahren. Das ist zum einen Beweis für die höchste Qualität der edlen Karossen, die Kehrseite der Medaille ist aber, dass der bestehende Markt weitgehend gedeckt ist. Es müssen also ständig neue Käuferschichten erschlossen werden.
Größe und Wachstum sind auch Themen, die für die Porsche Holding in Zukunft wichtig sein werden. Schon jetzt beschäftigt das Unternehmen 17.000 Mitarbeiter in 15 europäischen Ländern. Neue Märkte sollen erobert werden, große Hoffnungen setzt man etwa auf Asien, allen voran China. Und der Weg soll

auch in Zukunft nach oben gehen: »Wir suchen doch ständig die Herausforderung auf allen neuen Märkten«, sagt Hans Michel Piëch. »Das Wachstum soll weitergehen, aber Schritt für Schritt, auf einem sicheren Weg.« Irgendwann wird die Holding aber dann doch vielleicht eine Größe erreichen, mit der sie praktisch unregierbar wird. Gegenüber dem Verfasser betont man, solche Überlegungen würden sich gar nicht stellen, weil die Porsche Holding schon seit Langem dezentral aufgebaut sei und auch so geführt werde. Dennoch wird sich die derzeit noch gepflegte heimelige Unternehmenskultur angesichts ständiger Expansion nicht ewig aufrechterhalten lassen. Was kommt dann? Eine Teilung verbunden mit Diadochenkämpfen? Ein Teilverkauf, der praktisch einer Zerschlagung entspräche. Überlegungen, die für Porsche-Manager derzeit wohl noch wie Blasphemie klingen, denen man sich aber nicht verschließen darf.

Die Frage ist auch, wie es die beiden Familien schaffen, das Vermögen angesichts der ständig wachsenden Größe des Clans zusammenzuhalten. Teure Scheidungen hat es in den beiden Häusern in der Vergangenheit schon einige gegeben. Auch die Erbschaftsteuer ist ein nicht zu unterschätzender Faktor, sind doch die Anteile an der Porsche AG und die Porsche Holding in Summe weit mehr als zehn Milliarden Euro wert. Viele Mitglieder halten ihre Anteile über Beteiligungsgesellschaften oder arbeiten daran, sie in österreichische Privatstiftungen einzubringen. Solche Stiftungen sind juristisch gesehen Gesellschaften sui generis: Sie wurden geschaffen, um große Privatvermögen zusammenzuhalten. Privatstiftungen gehören ausschließlich sich selbst. Die Begünstigten erhalten Ausschüttungen, haben aber keinen Anspruch auf das Vermögen. Daher gibt es auch keinen Tod eines Eigentümers und damit auch keine Vererbung und die damit verbundene Erbschaftsteuer.



Es dürften also in den kommenden Jahren einige Probleme auf die Porsches und Piëchs zukommen. Manche Schwierigkeiten kann man nicht einfach lösen, auch wenn man noch so viel Geld hat – ganz einfach, weil sie erst ab einer gewissen Größe des Vermögens auftreten. So haben auch die Superreichen und Mächtigen ihre Sorgen. In der Vergangenheit hat die PS-Dynastie einerseits selbst genügend fähige Köpfe hervorgebracht und sich andererseits auch hervorragende Techniker und Manager geholt, um den jeweiligen Anforderungen ihrer Zeit zu begegnen. Derzeit sieht es so aus, als ob die vierte Generation in die Fußstapfen der dritten treten könnte, ohne dass es zum großen Bruch kommt. Was ist aber in 20 oder 30 Jahren? Will der Auto-Clan dann noch immer jene Macht sein, die er jetzt darstellt, muss er die Weichen schon jetzt stellen. Ferdinand und Ferry Porsche und Louise Piëch werden aus dem Autohimmel herunterblicken und hoffentlich ihre schützenden Hände über ihre Nachkommen halten.

# ANHANG

## *Porsche AG*

Der volle Name des Unternehmens lautet Dr. Ing. h. c. F. Porsche AG. Der Aufbau der Sportwagenschmiede in Stuttgart-Zuffenhausen ist das Lebenswerk Ferry Porsches. Gegründet wurde das Unternehmen 1931 als Konstruktionsbüro in der Rechtsform einer Gesellschaft mit beschränkter Haftung (GmbH). 1937 erfolgte die Umgründung in eine Kommanditgesellschaft, die bis 1972 bestehen blieb. Seit damals ist die Autofabrik eine Aktiengesellschaft (AG). In den Anfangsjahren war das Unternehmen als reines Konstruktionsbüro tätig und hat etwa den Volkswagen und den legendären Rennwagen der Auto-Union entworfen. Ab 1948 begann man mit dem Bau eigener Sportwagen.
Die Stammaktien der börsennotierten Porsche AG gehören trotz einiger Wirren noch immer zu 100 Prozent den Familien Porsche und Piëch. Zudem halten die beiden Zweige der PS-Dynastie geschätzte 13 Prozent der Vorzugsaktien. Nach Überwindung der großen Krise Anfang der Neunzigerjahre ist die Porsche AG heute hochprofitabel: Im Geschäftsjahr 2005/06 verkaufte das Unternehmen fast 97.000 Autos, der Umsatz betrug 7,3 Milliarden Euro.

## *Porsche Holding*

Die Anfänge der Porsche Holding gehen auf das Jahr 1947 zurück. Damals wurde ein österreichisches Porsche-Unternehmen gegründet, in das in der Folge das gesamte greifbare Vermögen eingebracht wurde. So sollte es vor Beschlagnahmung geschützt werden. Ein Jahr später sicherte Ferry Porsche als Teil einer Vereinbarung für die Familien Porsche und Piëch die österreichischen Importrechte für sämtliche VW-Erzeugnisse. Mittlerweile ist die Porsche Holding das größte Privatunternehmen

Österreichs und das größte Autohandelsunternehmen Europas. Sie verfügt über Niederlassungen in 15 Ländern Europas. Im Geschäftsjahr 2005/06 erwirtschaftete die Porsche Holding mit 17.000 Mitarbeitern einen Umsatz von 10,7 Milliarden Euro. In der Holding sind der Auto-Großhandel, der Auto-Einzelhandel, Finanzdienstleistungen (Porsche Bank und Porsche Versicherung) und die PGA vereinigt. Bei Letzterer handelt es sich um ein ursprünglich französisches Autohandelsunternehmen, das die Porsche Holding übernommen und weiter ausgebaut hat.

**Ferdinand Porsche (1875–1951)**
Der Urvater der PS-Dynastie kam als drittes Kind eines Spenglermeisters in Böhmen zur Welt und bewies schon rasch ein außergewöhnliches technisches Talent, zuerst im Elektrobereich. Erst später wechselte er zur Konstruktion von Fahrzeugen aller Art über. Ferdinand Porsche wurde 1999 von einer Fachjury zum »Autoingenieur des Jahrhunderts« gewählt. Er hat nicht nur den Volkswagen entwickelt, sondern auch Rennwagen für die Auto-Union, den Vierradantrieb, Flugzeugmotoren, Panzer … Der österreichische Kaiser wollte ihm einen Adelstitel verleihen; Stalin trachtete danach, Porsche in die Sowjetunion zu holen, und Hitler ernannte ihn zu seinem Lieblingskonstrukteur.

**Ferdinand Anton Ernst »Ferry« Porsche (1909–1998)**
Ferry Porsches Lebenswerk ist der Aufbau der Porsche-Autofabrik. Bereits vor dem Zweiten Weltkrieg arbeitete er mit seinem Vater Ferdinand Porsche in dessen Konstruktionsbüro in Stuttgart. Während des Krieges übersiedelte er mit dem Unternehmen nach Gmünd. 1948 handelte er mit Volkswagen einen umfangreichen Vertrag aus, der unter anderem Lizenzgebühren für jeden verkauften Käfer, die österreichischen Importrechte für alle Volkswagen-Produkte und das Recht enthielt, auf Basis des Volkswagens einen eigenen Sportwagen entwickeln zu dürfen. Damit legte er den Grundstein für die Porsche AG und die Por-

sche Holding. Bis 1972 war Ferry Porsche Geschäftsführer der Porsche-Autofabrik, danach Aufsichtsratsvorsitzender und später Ehrenvorsitzender des Aufsichtsrats. Ferry Porsche hatte vier Söhne: Ferdinand Alexander, Gerhard, Hans-Peter und Wolfgang.

**Louise Hedwig Anna Wilhelmine Maria Piëch (1904–1999)**
Die ältere Schwester Ferry Porsches heiratete 1928 den Wiener Rechtsanwalt Anton Piëch, der unter anderem als Rechtsberater für Ferdinand Porsche tätig war und später gemeinsam mit seinem Schwiegervater das Volkswagen-Werk in Wolfsburg leitete. Der Ehe entstammen vier Kinder: die Söhne Ernst, Ferdinand und Hans Michel und die Tochter Louise Daxer-Piëch. Nach dem plötzlichen Tod ihres Gatten übernahm Louise Piëch 1952 die Leitung des österreichischen Porsche-Unternehmens. Louise Piëch war die Grande Dame der PS-Dynastie und wird als dynamischer als ihr Bruder beschrieben. Bis 1972 stand »die Chefin« an der Spitze der Firma und baute sie zum bedeutenden Handelshaus aus. Zudem war sie als Malerin erfolgreich und bis ins hohe Alter begeisterte Autofahrerin und Jägerin.

**Anton Piëch (1894–1952)**
Der Wiener Rechtsanwalt heiratete im Jahr 1928 die Tochter Ferdinand Porsches. Nach der Gründung des Porsche-Konstruktionsbüros in Stuttgart war er ab 1931 Teilhaber und auch als Rechtsberater für seinen Schwiegervater tätig. 1941 wurde er unter seinem Schwiegervater Werksleiter der Volkswagenwerk GmbH. Mit der Aufnahme der Importtätigkeit übernahm er für kurze Zeit die Geschäftsführung des österreichischen Porsche-Handelshauses. Nach seinem überraschenden Tod trat seine Frau, Louise Piëch, an die Spitze des Unternehmens.



**Wolfgang Porsche (*1943)**
Der jüngste Sohn Ferry Porsches wurde von seiner Tante Louise

Piëch und seinem Vater als Sprecher des Porsche-Familienzweiges eingesetzt. Wolfgang Porsche studierte in Wien Wirtschaftswissenschaften. Heute ist er die zentrale Figur in der Porsche-Familie: Er ist Aufsichtsratsvorsitzender der Porsche Holding und sitzt im Aufsichtsrat der Porsche AG. Verheiratet ist er mit der TV-Produzentin Susanne, mit der er in München lebt. 2003 hat er in Zell am See den Familiensitz der PS-Dynastie, das Schüttgut, erworben.

**Hans Michel Piëch (*1942)**
Der jüngste Sohn Louise Piëchs wurde von seiner Mutter und seinem Onkel Ferry Porsche als Sprecher des Piëch-Zweiges eingesetzt. Er sitzt in den Aufsichtsräten der Porsche AG und der Porsche Holding und leitet den für die Holding wichtigen Gesellschafterausschuss. Zudem betreibt er eine Anwaltskanzlei im Zentrum Wiens.

**Ferdinand Alexander Porsche (*1935)**
Der älteste Sohn Ferry Porsches gilt als kreativer Kopf in der Familie. In Abgrenzung zu den anderen Ferdinands in der Familie wurde und wird er entweder »Butzi« oder »F. A.« genannt. Als Chefdesigner der Porsche-Autofabrik machte er sich mit dem Entwurf des Porsche 911 unsterblich. Nach dem Rückzug sämtlicher Familienmitglieder aus dem operativen Geschäft gründete er die Porsche Design GmbH, war aber im Hintergrund weiterhin für die Porsche AG tätig. Auch beim Cayenne sollen etwa seine Gedanken eingeflossen sein. Aus gesundheitlichen Gründen zog er sich 2003 aus dem wirtschaftlichen Leben zurück.

**Hans-Peter Porsche (*1940)**
Der dritte Sohn von Ferry Porsche, meist wird er Peter gerufen, war früher Produktionschef in der Porsche-Fabrik. Nach Auseinandersetzungen mit dem damaligen Entwicklungsleiter, seinem Cousin Ferdinand Piëch, schied er aus dem Werk aus. Peter

Porsche war lange Jahre für den weltweiten Vertrieb von Porsche Design verantwortlich. Nach dem Rückzug seines Bruders Ferdinand Alexander rückte der in Salzburg lebende Porsche in den Aufsichtsrat der Porsche Holding in Salzburg nach. Ende 2006 wurde er als neuer Aufsichtsrat der Porsche AG in Stuttgart vorgeschlagen. Seine Wahl bei der Jahreshauptversammlung im Jänner 2007 (nach Drucklegung dieses Buches) dürfte eine reine Formsache sein.

**Gerhard Anton Porsche (*1938)**
Der zweitälteste der Porsche-Brüder, er wurde stets Gerd gerufen, hat sich nie besonders viel aus dem Autogeschäft gemacht. Er ist (Groß-)Landwirt im Grenzgebiet zwischen Oberösterreich und Salzburg. Schlagzeilen machte er 1972 eher ungewollt. Damals zog seine geschiedene Gattin Marlene zu seinem Cousin Ferdinand Piëch, die Hälfte seiner Porsche-Anteile im Gepäck. Nach der Trennung von Piëch übersiedelte Marlene Porsche in die Schweiz, ihre Anteile kauften die Brüder Wolfgang, Hans-Peter und Ferdinand Alexander wieder zurück.

**Ernst Piëch (*1929)**
Das älteste Mitglied der dritten Generation führte bis 1972 gemeinsam mit seiner Mutter die Geschäfte in Salzburg. Seit 1984 gilt der als impulsiv, aber offen und äußerst umgänglich beschriebene Piëch-Spross als Außenseiter, nachdem er seine Anteile an der Porsche AG an einen arabischen Investor verkaufen wollte. Er lebt heute in Großbritannien und sammelt Fahrzeuge aus dem Hause Austro-Daimler, die sein Großvater konstruiert hat. Sein Sohn Florian sitzt im Gesellschafterausschuss der Porsche Holding und wird als künftiger Sprecher der Piëch-Linie gehandelt.



**Louise Daxer-Piëch (1932–2006)**
Sie war das einzige weibliche Mitglied der achtköpfigen dritten Generation der PS-Dynastie und verstarb während der Recher-

chen für dieses Buch. Innerhalb der Porsche AG und der Porsche Holding spielte sie keine aktive Rolle. Ihr Sohn Josef Ahorner sitzt als Beigeordneter im Gesellschafterausschuss der Porsche Holding, verfügt also aus Gründen der Parität, die zwischen den Familien zu herrschen hat, über kein Stimmrecht.

**Ferdinand Piëch (*1937)**
Der mittlere Sohn Louise Piëchs genießt zwar größte Autorität innerhalb der Familie, gilt aber auch als Reizfigur, nicht zuletzt aufgrund seiner Affäre mit der geschiedenen Frau seines Cousins Gerhard. Ferdinand Piëch verfügt über hohes technisches und wirtschaftliches Verständnis: Er war Entwicklungschef der Porsche AG, wechselte 1972 zu Audi, wo er Entwicklungschef und später Vorstandsvorsitzender wurde. In dieser Funktion positionierte er Audi völlig neu. 1993 übernahm er die Leitung des Volkswagen-Konzerns und setzte konsequent die Mehrmarken-Strategie und Modul-Technik um. 2002 wechselte er vom Vorstand in den Aufsichtsrat von Volkswagen, wo er den Vorsitz übernahm. Für sein Lebenswerk wurde er 1999 zum »Automanager des Jahrhunderts« gewählt.

**Ferdinand Oliver Porsche (*1961)**
Der Sohn von Ferdinand Alexander Porsche gilt als zukünftige Führungsfigur des Porsche-Zweiges. Oliver Porsche ist anstelle seines Vaters in den Aufsichtsrat der Porsche AG nachgerückt, und er sitzt im Gesellschafterausschuss der Porsche Holding und damit an der Schnittstelle zum Management. Bis 2003 führte der ausgebildete Jurist und Wirtschaftsprüfer zudem die Geschäfte der Porsche Design GmbH.

**Florian Piëch (*1962)**



Der Unternehmensberater, der in Salzburg lebt, könnte der zukünftige starke Mann des Piëch-Zweiges werden. Er sitzt im Gesellschafterausschuss der Porsche Holding und sammelt als

Aufsichtsrat deutscher High-Tech- und IT-Unternehmen Erfahrungen, die ihn für höhere Weihen prädestiniert erscheinen lassen.

**Peter Daniell Porsche (*1973)**

Der Sohn von Hans-Peter Porsche gilt als das soziale Gewissen des Clans. Der ausgebildete Waldorfpädagoge hat aus eigener Tasche um sieben Millionen Euro in der Nähe von Salzburg eine Waldorfschule samt angeschlossenem Bio-Restaurant bauen lassen. Wiederholt hat er sich kritisch über die Auswüchse des Kapitalismus geäußert und die soziale Verantwortung der Unternehmen und Unternehmer betont. Mit den Geschäften der Familie hat er nichts am Hut.

**Weiterführende Literatur**

Barkley, Brad/Money, Love (2002). Wie ich den Porsche von James Dean verkaufte. München: dtv.

Bentley, J. (1978). Porsche. Ein Traum wird Wirklichkeit. Ein Auto macht Geschichte. Düsseldorf: Econ Verlag.

Hunger, Anton u. a. (2003). Wendelin Wiedeking. Das Davidprinzip. Macht und Ohnmacht der Kleinen. Berlin: Verlag Klaus Wagenbach.

Jungbluth, Rüdiger (2004). Die Quandts. Ihr leiser Aufstieg zur mächtigsten Wirtschaftsdynastie Deutschlands. Frankfurt/Main: Campus.

Müller, Fabian (1999). Ferdinand Porsche. Made in Germany. Berlin: Ullstein.

Müller, Peter (1965, 1998). Ferdinand Porsche. Ein Genie unserer Zeit. Der Vater des Volkswagens. Graz – Stuttgart: Leopold Stocker Verlag.

Mommsen, Hans/Grieger, Manfred (1996). Das Volkswagenwerk und seine Arbeiter im Dritten Reich. Düsseldorf: Econ Verlag.

Orlow, Sergej. Die Partitur des Ferdinand Porsche. In: CigarClan. Die Zeitschrift für Frauen und Männer mit Stil. 01/2006.



Piëch, Ferdinand (2002). Auto.Biographie. Hamburg: Hoffmann und Campe, vierte Auflage.

Porsche, Ferry/Molter, Günther (1989). Ferry Porsche. Ein Leben für das Auto. Stuttgart. Motorbuch Verlag.